EXAMINATION QUESTIONS AND ANSWERS
OF AMERICAN MIDDLE SCHOOL STUDENTS
MATHEMATICAL CONTEST FROM THE FIRST
TO THE LATEST (VOLUME IV)

# 历届美国中学生
# 数学竞赛试题及解答

### 第4卷　兼谈Mordell定理

### 1965～1969

刘培杰数学工作室　编

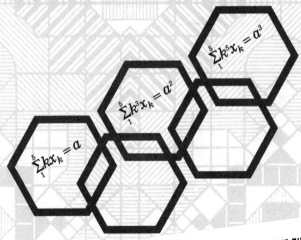

哈尔滨工业大学出版社
HARBIN INSTITUTE OF TECHNOLOGY PRESS

第5章　1969年试题　//121
　　1　第一部分　//121
　　2　第二部分　//123
　　3　第三部分　//126
　　4　第四部分　//128
　　5　答案　//130
　　6　1969年试题解答　//130
附录　Mordell 定理　//149
　　1　引论　//149
　　2　费马的栏外注解　//150
　　3　斐波那契问题　//153
　　4　古典的结果　//155
　　5　与椭圆曲线的关系　//157
　　6　与椭圆曲线中 BSD 猜想的联系　//160
　　7　同余数表　//161
　　8　同余数与费马大定理　164//
参考文献　//166

# 1965 年试题

## 第 1 章

### 1 第一部分

1. 满足方程式 $2^{2x^2-7x+5}=1$ 的 $x$ 的实数值共有几个（　　）.
   (A)0　　(B)1　　(C)2
   (D)4　　(E)多于4

2. 一正六边形内接于一圆，其一边的长与被边所截的较短的弧长的比为（　　）.
   (A)1:1　　(B)1:6　　(C)1:$\pi$
   (D)3:$\pi$　　(E)6:$\pi$

3. 式 $81^{-2^{-2}}$ 跟何者有相同的值（　　）.
   (A)$\dfrac{1}{81}$　　(B)$\dfrac{1}{3}$　　(C)3
   (D)81　　(E)$81^4$

4. 线 $l_2$ 相交于线 $l_1$，而线 $l_3$ 平行于线 $l_1$，此三线均相关且在同一平面内，距三线等远的点共有几个点（　　）.
   (A)0　　(B)1　　(C)2
   (D)4　　(E)8

第 1 章　1965 年试题

Ⅱ：$\sqrt{(-4)(-16)} = \sqrt{64}$；

Ⅲ：$\sqrt{64} = 8$.

以上叙述中，何者为误（　　）.

(A)无　　(B)仅Ⅰ　　(C)仅Ⅱ　　(D)仅Ⅲ

(E)仅Ⅰ与Ⅲ

12. 一菱形内接于 $\triangle ABC$，已知菱形一顶点为 $A$，而其中两边分别在 $AB, AC$ 上，若 $AC = 6, AB = 12$，且 $BC = 8$，则此菱形的一边长为（　　）.

(A)2　　(B)3　　(C)$3\frac{1}{2}$　　(D)4

(E)5

13. 设 $n$ 为满足 $5y - 3x = 15$ 与 $x^2 + y^2 \leqslant 16$ 的数对 $(x, y)$ 的组数，则 $n$ 等于（　　）.

(A)0　　(B)1　　(C)2

(D)多于 2，但有限　　(E)大于任何有限数

14. 在 $(x^2 - 2xy + y^2)^7$ 的完全展开的式子中，数字系数之和为（　　）.

(A)0　　(B)7　　(C)14　　(D)128

(E)$128^2$

记号 $25_b$ 表示 $b$ 进位制的两位数，若数 $52_b$ 是数 $25_b$ 的两倍，则 $b$ 等于（　　）.

A)7　　(B)8　　(C)9　　(D)11

E)12

$AC$ 垂直于 $CE$，而 $D$ 为 $CE$ 的中点，$B$ 为 $AC$ 的中点，连 $AD, EB$，若 $AD$ 与 $EB$ 交于 $F$，且 $BC = CD = $ △$DFE$ 的面积为（　　）.

0　　(B)$50\sqrt{2}$　　(C)75　　(D)$\frac{15}{2}\sqrt{105}$

3

(E)100

17. 已知真叙述:唯若气候不佳,周日的野餐将不举行. 由此可得的结论是( ).
   (A)若野餐举行了,则周日的气候无疑是好的
   (B)若野餐不举行,则周日的气候可能是不好的
   (C)若周日天气不好,则野餐将不举行
   (D)若周日天气好,则野餐可以举行
   (E)若周日天气好,则野餐将举行

18. 若 $1-y$ 用来作 $\dfrac{1}{1+y}$ 的值的近似值,而 $|y|<1$,则误差与正确值之比为( ).
   (A)$y$  (B)$y^2$  (C)$\dfrac{1}{1+y}$  (D)$\dfrac{y}{1+y}$
   (E)$\dfrac{y^2}{1+y}$

19. 若 $x^4+4x^3+6px^2+4qx+r$ 恰可被 $x^3+3x^2+9x+3$ 除尽,则 $(p+q)r$ 的值为( ).
   (A)$-18$  (B)12  (C)15  (D)27
   (E)45

20. 对每一 $n$,一算术级数的前 $n$ 项之和 $S_n$ 为 $2n+3n^2$,则第 $r$ 项为( ).
   (A)$3r^2$  (B)$3r^2+2r$  (C)$6r-1$  (D)$5r+5$
   (E)$6r+2$

## 2 第二部分

21. 若选取 $x>\dfrac{2}{3}$,则 $\lg(x^2+3)-2\lg x$ 的值为( ).

(A)负的　(B)0　(C)1
(D)小于任何可以指明的正数
(E)大于任何可以指明的正数

22. 若 $a_2 \neq 0$ 且 $r,s$ 为 $a_0 + a_1x + a_2x^2 = 0$ 的根,则等式 $a_0 + a_1x + a_2x^2 = a_0(1-\dfrac{x}{r})(1-\dfrac{x}{s})$ 对下列何者成立( ).
(A)所有 $x$ 值,$a_0 \neq 0$　(B)所有 $x$ 值
(C)仅当 $x=0$　(D)仅当 $x=r$ 或 $x=s$
(E)仅当 $x=r$ 或 $x=s,a_0 \neq 0$

23. 若对所有使得 $|x-2|<0.01$ 的 $x$ 有 $|x^2-4|<N$,则 $N$ 的最小值为( ).
(A)0.0301　(B)0.0349
(C)0.0399　(D)0.0401
(E)0.0499

24. 已知数列 $10^{\frac{1}{11}},10^{\frac{2}{11}},10^{\frac{3}{11}},\cdots,10^{\frac{n}{11}}$,使得此数列前 $n$ 项之积超过 100 000 时,$n$ 的最小值为( ).
(A)7　(B)8　(C)9　(D)10
(E)11

25. 设 $ABCD$ 为四边形,延长 $AB$ 至 $E$ 使 $AB=BE$,连 $AC$ 与 $CE$ 形成 $\angle ACE$,为使此角为一直角,四边形 $ABCD$ 必须有的性质是( ).
(A)各角均全等　(B)各边均全等
(C)两对全等边　(D)一对全等边
(E)一对全等角

26. 对数 $a,b,c,d,e$,定义 $m$ 为此五数的算术平均数;$k$ 为 $a$ 与 $b$ 的算术平均数;$l$ 为 $c,d$ 与 $e$ 的算术平均数;而 $p$ 为 $k$ 与 $l$ 的算术平均数,则不论 $a,b,c,d,e$

历届美国

如何边
(A) m
(E) 非

27. 当 $y^2 + m$
当 $y^2 + m$
若 $R_1 = R_2$
(A) 0
(E) 一不定

28. n 阶均匀(常
的速率下降,
定地走下来,
倍, A 经 27 阶
n 为( ).
(A) 63　(B) 5
(E) 30

29. 28 位同学至少选
人数等于仅选数学
历史的,6 个同学选
英语与历史的数目为
3 门课全选的人数为
数学的人数为( ).
(A) 5　(B) 6
(E) 9

30. 如图所示,设 Rt△ABC 的
圆交斜边 AB 于 D,过 D
不足以证明( ).

位表其大小时,末尾有 $k$ 个零;以 10 进位表其大小时,末尾有 $h$ 个零,则 $k+h$ 等于( ).

(A)5　　(B)6　　(C)7　　(D)8

(E)9

34. 对 $x \geq 0$,则 $\dfrac{4x^2+8x+13}{6(1+x)}$ 的最小值为( ).

(A)1　　(B)2　　(C)$\dfrac{25}{12}$　　(D)$\dfrac{13}{6}$

(E)$\dfrac{34}{5}$

35. 一矩形的一边长为 5,另一边长小于 4,将矩形折起来,使两对顶点重合,若折痕的长为 $\sqrt{6}$,则另一边的长为( ).

(A)$\sqrt{2}$　　(B)$\sqrt{3}$　　(C)2　　(D)$\sqrt{5}$

(E)$\sqrt{\dfrac{11}{2}}$

36. 已知 $OA$ 与 $OB$ 为两相关直线,从 $OA$ 上取一点作 $OB$ 的垂线,再自此垂足作 $OA$ 的垂线;再自第二垂足作 $OB$ 的垂线,依此进行直至无限. 若最初两垂线段长为 $a,b(a \neq b)$,则此等垂直线段之长的和当垂线段无限增加时,趋近于一极限,此极限值为( ).

(A)$\dfrac{b}{a-b}$　　(B)$\dfrac{a}{a-b}$　　(C)$\dfrac{ab}{a-b}$　　(D)$\dfrac{b^2}{a-b}$

(E)$\dfrac{a^2}{a-b}$

37. 如图所示,从 $\triangle ABC$ 的一边 $AB$ 上取一点 $E$ 使 $AE:EB=1:3$,又从另一边 $BC$ 上取一点 $D$ 使 $CD:DB=$

1:2,若 $AD$ 与 $CE$ 的交点为 $F$,则 $\dfrac{EF}{FC}+\dfrac{AF}{FD}$ 为( ).

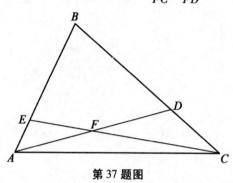

第 37 题图

(A) $\dfrac{4}{5}$　　(B) $\dfrac{5}{4}$　　(C) $\dfrac{3}{2}$　　(D) 2

(E) $\dfrac{5}{2}$

38. $A$ 完成一工作需要的时间为 $B$ 与 $C$ 一起完成工作所需时间的 $m$ 倍;$B$ 完成工作需要的时间为 $A$ 与 $C$ 一起完成工作所需时间的 $n$ 倍;而 $C$ 完成工作需要的时间为 $A$ 与 $B$ 一起完成工作所需时间的 $x$ 倍,则 $x$ 为(以 $m,n$ 表之)( ).

(A) $\dfrac{2mn}{m+n}$　　　　(B) $\dfrac{1}{2(m+n)}$

(C) $\dfrac{1}{m+n-mn}$　　(D) $\dfrac{1-mn}{m+n+2mn}$

(E) $\dfrac{m+n+2}{mn-2}$

39. 一工头监督一检查员以一 $2''$-塞子与一 $1''$-塞子检验一 $3''$-洞(见图),为了保证所测位置确实正确,把两个新规格(一种仪器的名)插入其中,若此新的规格完全相同,则欲达到百分之一的精确度

$$99F=36, F=\frac{36}{99}=\frac{4}{11}$$

答案：(A).

6. 因为 $10^{\lg 9}=9, 8x+5=9$，所以 $x=\frac{1}{2}$.

答案：(B).

7. 设两根为 $r, s$，则 $r+s=-\frac{b}{a}$ 且 $rs=\frac{c}{a}$.

所以 $\frac{1}{r}+\frac{1}{s}=\frac{r+s}{rs}=\frac{-\frac{b}{a}}{\frac{c}{a}}=-\frac{b}{c}, c\neq 0, a\neq 0$.

答案：(E).

8. 令 $s$ 为所求的线段的长，则 $\frac{s^2}{18^2}=\frac{2}{3}$.

所以 $s=6\sqrt{6}$（两相似三角形的面积之比等于其对应边长的平方比）.

答案：(A).

9. 因为 $y=x^2-8x+c=x^2-8x+16+c-16=(x-4)^2+c-16$（一抛物线），顶点在 $x$ 轴上，故其坐标必为 $(4,0), c$ 必有值 16.

或：

此抛物线 $y=ax^2+bx+c$ 的顶点 $x$ 坐标是 $-\frac{b}{2a}$，得

$$x=-\frac{-8}{2}=4$$

若 $0=4^2-8\times 4+c$，即，若 $c=16$，则 $y$ 坐标是 0.

答案：(E).

10. 因为

$$x^2-x-6<0, x^2-x<6$$

第1章 1965年试题

$$x^2 - x + \frac{1}{4} < 6 + \frac{1}{4}, (x - \frac{1}{2})^2 < (\frac{5}{2})^2$$

所以 $|x - \frac{1}{2}| < \frac{5}{2}$ 或 $-\frac{5}{2} < x - \frac{1}{2} < \frac{5}{2}$.

即 $-2 < x < 3$.

或:

因为 $x^2 - x - 6 < 0, (x-3)(x+2) < 0$.

若 $x - 3 < 0$ 和 $x + 2 > 0$ 或 $x - 3 > 0$ 和 $x + 2 < 0$ 能满足此不等式.

第一组不等式蕴涵 $-2 < x < 3$,第二组不可能满足.

答案:(A).

11. 因为 $(-4)^{\frac{1}{2}} = 2(-1)^{\frac{1}{2}}, (-16)^{\frac{1}{2}} = 4(-1)^{\frac{1}{2}}$.

所以 $(-4)^{\frac{1}{2}}(-16)^{\frac{1}{2}} = 8(-1) = -8$.

但 $[(-4)(-16)]^{\frac{1}{2}} = (64)^{\frac{1}{2}} = 8$.

所以第 I 叙述不正确.

答案:(B).

12. 因 △$BDE$ ∽ △$BAC$,设 $s$ 为菱形的边长.

所以 $\frac{s}{6} = \frac{12-s}{12}, s = 4$.

答案:(D).

13. 首先需找出,是否此线交圆 $x^2 + y^2 = 16$ 于 $R$ 和 $S$,或是切于圆,或与圆不相交. 显而易见,线 $5y - 3x = 15$ 交圆 $x^2 + y^2 = 16$ 于 $R$ 与 $S$ 两点,因为,如点 $(0,3)$ 在线上且在圆内(圆 $0^2 + 3^2 < 16$),故整个 $RS$ 是在圆上及内部,此线段有无限点 $(x,y)$ 且各点坐标满足 $5y - 3x = 15$ 及 $x^2 + y^2 \leq 16$.

答案:(E).

14. 因为 $(x^2 - 2xy + y^2)^7 = [(x-y)^2]^7 = (x-y)^{14}$.

13

所以第 $r$ 项 $=6r-1$.

或:

令第 $r$ 项 $=u_r$,并令首项 $=a$,则
$$S_r = \frac{r}{2}(a+u_r) = 2r+3r^2$$

所以 $a+u_r = 4+6r$. 但
$$a = S_1 = 2\times 1 + 3\times 1^2 = 5$$

所以 $u_r = 4+6r-5 = 6r-1$.

或:

因为 $a=S_1=5, S_2=16$,所以 $u_2=S_2-S_1=11$.
但 $u_2=a+d$. 所以 $d=6$,所以
$$u_r = a+d(r-1) = 5+6(r-1) = 6r-1$$

答案:(C).

21. 根据题意,有
$$\lg(x^2+3)-2\lg x = \lg\frac{x^2+3}{x^2} = \lg(1+\frac{3}{x^2})$$

对一个足够大的 $x$ 值,$\frac{3}{x^2}$ 可能比特定的正整数 $N$ 小,因此 $\lg(1+\frac{3}{x^2})$ 可能比特定的正整数 $\lg(1+N)$ 小.

挑战:若题中以 $x>\frac{1}{2}$ 代替 $x>\frac{2}{3}$,则(C)亦为可接受的答案.

答案:(D).

22. 根据题意,有
$$a_2x^2+a_1x+a_0 = a_2(x^2+\frac{a_1}{a_2}x+\frac{a_0}{a_2})$$
$$= a_2[x^2-(r+s)x+rs]$$

$$= a_2(r-x)(s-x)$$

若 $rs = \dfrac{a_0}{a_2}$ 不为零,则 $a_2 \neq 0$,且最后一式可写成

$$a_2 rs\left(1-\dfrac{x}{r}\right)\left(1-\dfrac{x}{s}\right)$$

所以

$$a_2 x^2 + a_1 x + a_0 = a_2\left(\dfrac{a_0}{a_2}\right)\left(1-\dfrac{x}{r}\right)\left(1-\dfrac{x}{s}\right)$$

$$= a_0\left(1-\dfrac{x}{r}\right)\left(1-\dfrac{x}{s}\right)$$

对所有 $x$ 的值成立,当 $a_0 \neq 0$.

答案:(A).

23. 既然 $|x-2| < 0.01$,$x$ 是正数且 $x < 2.01$.

所以

$$|x^2 - 4| = |x-2||x+2|$$
$$= |x-2|(x+2) < 0.01 \times 4.01$$
$$= 0.0401$$

或:

因为 $|x-2| < 0.01$ 蕴涵 $1.99 < x < 2.01$.

所以 $3.9590 < 3.9601 < x^2 < 4.0401$.

所以 $-0.0401 < x^2 - 4 < 0.0401$.

即 $|x^2 - 4| < 0.0401$.

答案:(D).

24. 令

$$p = 10^{\frac{1}{11}} \cdot 10^{\frac{2}{11}} \cdots \cdot 10^{\frac{n}{11}} = 10^8$$

$$s = \dfrac{1+2+\cdots+n}{11} = \dfrac{1}{11} \cdot \dfrac{1}{2} n(n+1)$$

对 $p > 100\,000$ 而言,$10^8 > 10^5$,即 $s > 5$.

$$\angle BCD = 90° - \angle DCF$$
$$\angle FDA = 90° - \angle CDF$$
所以 $\angle FDA = \angle BCD = \angle A$,所以 $DF = FA = CF$,即 $DF$ 平分 $CA$, $\angle CFD = \angle FDA + \angle A = 2\angle A$.

由已知条件得证(A),(C),(D)和(E).因(B)正确.$CD$ 和 $AD$ 全等,但此全等对任何位置的点 $D$ 不能成立.

或:

如图所示,联结 $CD$,若直角 $\triangle BDC$ 按点 $D$ 向反时钟方向转 $90°$,则相似形 $\triangle BDC$ 和 $\triangle CDA$ 的对应边 $DB$ 和 $DC$,$DC$ 和 $DA$ 相合. 因 $CD \perp DA$,此二线在旋转后亦相重合,$DF$ 是斜边上的中线(在 $\triangle CDA$ 中),故 $CF = FA = DF$,$\angle CFD$ 是等腰 $\triangle FDA$ 的外角,所以全等于 $2\angle A$,然一直角三角形斜边上的中线平分直角,仅在特殊情况即当其腰相等时方存在.

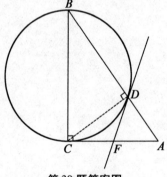

第 30 题答案图

答案:(B).

31. 令 $\log_a x = y$,所以 $x = a^y$,所以
$$\log_b x = \log_b a^y = y\log_b a$$
所以 $(\log_a x)(\log_b x) = \log_a b$,含 $y \cdot y\log_b a = \log_a b$.

既

第 1 章　1965 年试题

$$\log_b a = \frac{1}{\log_a b}, y^2 = (\log_a b)^2$$

$$y = \log_a b \text{ 或 } y = -\log_a b$$

所以 $\log_a x = \log_a b$ 或 $\log_a x = \log_a b^{-1}$，所以

$$x = b, x = b^{-1} = \frac{1}{b}$$

或：

令 $\log_b x = y$，所以 $x = b^y$，所以

$$(\log_a b^y)(\log_b b^y) = \log_a b$$

$$(y\log_a b)(y\log_b b) = \log_a b, y^2 \log_a b = \log_a b$$

所以 $y^2 = 1$，所以 $y = 1$ 或 $y = -1$，所以

$$x = b \text{ 或 } x = b^{-1}$$

或：

因为 $(\log_b x)(\log_b x) = \log_b b = 1$，所以

$$\log_b x = 1 \text{ 或 } \log_b x = -1$$

所以 $x = b, x = b^{-1}$.

答案：(C).

32. 因为

$$100 = C - x, C = 100 + x$$

$$S' = C + 1\frac{1}{9} = 100 + x + \frac{10}{9}$$

$$= 100 + \frac{x}{100}(100 + x + \frac{10}{9})$$

所以 $\frac{x^2}{100} + \frac{x}{90} - \frac{10}{9} = 0, x = 10$.

答案：(C).

33. 因为

15! $= 10^3(3 \times 14 \times 13 \times 12 \times 11 \times 9 \times 8 \times 7 \times 6 \times 3 \times 2 \times 1)$

15! $= 12^5(15 \times 14 \times 13 \times 11 \times 5 \times 7 \times 5)$

答案:(E).

37. 如图所示,引 $DGH // AB$,所以 $DG:3a = b:3b$, $DG = a = EA$,所以 $EF = FG$,且 $AF = FD$,故 $\frac{AF}{FD} = 1$,且

$DH:4a = b:3b, DH = \frac{4a}{3}$,且 $GH = DH - DG = \frac{a}{3}$,所以

$GC = \frac{1}{3}EC$,且 $EG = \frac{2}{3}EC$,且因 $EF = FG$, $FC = \frac{2}{3}EC$,所以 $\frac{EF}{FC} = \frac{1}{2}$,所以 $\frac{EF}{FC} + \frac{AF}{FD} = \frac{1}{2} + 1 = \frac{3}{2}$.

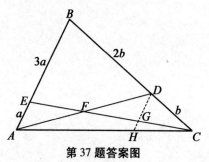

第37题答案图

答案:(C).

38. 令 $A, B, C$ 单独工作所需时间以 $a, b, c$ 表之,则

$$m \cdot \frac{1}{a} = \frac{1}{b} + \frac{1}{c}, n \cdot \frac{1}{b} = \frac{1}{a} + \frac{1}{c}, x \cdot \frac{1}{c} = \frac{1}{a} + \frac{1}{b}$$

所以 $\frac{m}{a} - \frac{n}{b} = \frac{1}{b} - \frac{1}{a}, \frac{1}{a}(m+1) = \frac{1}{b}(n+1)$

故 $\frac{a}{b} = \frac{m+1}{n+1}$. 同时

$$\frac{m}{a} + \frac{n}{b} = \frac{1}{b} + \frac{1}{a} + \frac{2}{c} = \frac{1}{b} + \frac{1}{a} + \frac{2}{x}(\frac{1}{a} + \frac{1}{b})$$

$$\frac{1}{a}(m - 1 - \frac{2}{x}) = \frac{1}{b}(1 - n + \frac{2}{x})$$

# 第1章 1965年试题

故 $\dfrac{a}{b} = \dfrac{m-1-\dfrac{2}{x}}{1-n+\dfrac{2}{x}}.$

所以 $\dfrac{m+1}{n+1} = \dfrac{m-1-\dfrac{2}{x}}{1-n+\dfrac{2}{x}}$ 故 $x = \dfrac{m+n+2}{mn-2}.$

答案:(E).

39. 如图所示,根据题意,有

$$OA = \frac{1}{2}+r, O'A = 1+r, BA = \frac{3}{2}-r$$

$$S_{\triangle OBA} = 2S_{\triangle BO'A}$$

半周长$(\triangle OBA) = \dfrac{1}{2}(\dfrac{1}{2}+r+1+\dfrac{3}{2}-r) = \dfrac{3}{2}$

半周长$(\triangle BO'A) = \dfrac{1}{2}(\dfrac{3}{2}-r+\dfrac{1}{2}+1+r) = \dfrac{3}{2}$

所以

$$[\frac{3}{2}(1-r) \cdot \frac{1}{2} \cdot r]^{\frac{1}{2}} = 2[\frac{3}{2} \cdot r \cdot 1 \cdot (\frac{1}{2}-r)]^{\frac{1}{2}}$$

所以 $7r = 3, r = \dfrac{3}{7}, d = \dfrac{6}{7} \approx 0.86.$

或:

如图所示,自 $A$ 引至 $OB$ 的高为 $h$,得

$$(\frac{1}{2}+r)^2 - t^2 = (\frac{3}{2}-r)^2 - (1-t)^2$$

$$t = 2r - \frac{1}{2}, h^2 = 3r - 3r^2$$

既

$$S_{\triangle OAO'} = \frac{1}{2} h \cdot \frac{3}{2}$$

# 1966 年试题

## 1 第一部分

1. 设 $3x-4$ 与 $y+15$ 的比例为一常数,且当 $x=2$ 时,$y=3$,则当 $y=12$ 时,$x$ 等于(　).

   (A) $\dfrac{1}{8}$　　　(B) $\dfrac{3}{7}$　　　(C) $\dfrac{7}{3}$

   (D) $\dfrac{7}{2}$　　　(E) 8

2. 当一三角形的底边增长 10%,而该底边上的高缩短 10% 时,三角形的面积变化为(　).

   (A) 增大 1%　　(B) 增大 $\dfrac{1}{2}$%

   (C) 改变 0%　　(D) 减少 $\dfrac{1}{2}$%

   (E) 减少 1%

3. 若两个数的等差中项为 6,而等比中项为 10,则以该两个数为根的一个方程式可以是(　).

(A)$x^2+12x+100=0$　　(B)$x^2+6x+100=0$
(C)$x^2-12x-10=0$　　(D)$x^2-12x+100=0$
(E)$x^2-6x+100=0$

4. 圆Ⅰ外接于一正方形,而圆Ⅱ内切于同一正方形.若 $r$ 为圆Ⅰ面积对圆Ⅱ面积的比例,则 $r$ 等于(　　).
(A)$\sqrt{2}$　　(B)2　　(C)$\sqrt{3}$　　(D)$2\sqrt{2}$
(E)$2\sqrt{3}$

5. 满足方程式 $\dfrac{2x^2-10x}{x^2-5x}=x-3$ 的 $x$ 值的个数为
(　　).
(A)0　　(B)1　　(C)2　　(D)3
(E)一个大于3的整数

6. $AB$ 为以 $O$ 为圆心的圆的直径. $C$ 为圆上一点,且角 $BOC$ 为 $60°$. 若圆的直径长 5 cm,则弦 $AC$ 的长以厘米为单位是(　　).
(A)3　　(B)$\dfrac{5\sqrt{2}}{2}$　　(C)$\dfrac{5\sqrt{3}}{2}$　　(D)$3\sqrt{3}$
(E)非上述的答案

7. 设 $\dfrac{35x-29}{x^2-3x+2}=\dfrac{N_1}{x-1}+\dfrac{N_2}{x-2}$ 为变数 $x$ 的一个恒等式. $N_1N_2$ 的数值为(　　).
(A)$-246$　　(B)$-210$　　(C)$-29$　　(D)210
(E)246

8. 两相交圆的公共弦长 16 cm. 若两圆的半径为 10 cm 及 17 cm,则两圆圆心的距离以厘米为单位可以是
(　　).
(A)27　　(B)21　　(C)$\sqrt{389}$　　(D)15
(E)无法确定

9. 若 $x = (\log_8 2)^{(\log_2 8)}$,则 $\log_3 x$ 等于( ).

(A)$-3$ (B)$-\dfrac{1}{3}$ (C)$\dfrac{1}{3}$ (D)$3$

(E)$9$

10. 若两个数的和为 1,而乘积也为 1,则这两个数的立方和为( ).

(A)$2$ (B)$-2-\dfrac{3\sqrt{3}\,i}{4}$

(C)$0$ (D)$-\dfrac{3\sqrt{3}\,i}{4}$

(E)$-2$

(i 表示 $\sqrt{-1}$)

11. $\triangle BAC$ 的边长比为 $2:3:4$. $BD$ 为角平分线,且 $D$ 分最短边 $AC$ 为 $AD$ 及 $CD$ 两部分. 若 $AC$ 的长度为 $10$,则 $AD, CD$ 中较长者的长度为( ).

(A)$3\dfrac{1}{2}$ (B)$5$ (C)$5\dfrac{5}{7}$ (D)$6$

(E)$7\dfrac{1}{2}$

12. 满足方程式 $2^{6x+3} \cdot 4^{3x+6} = 8^{4x+5}$ 的 $x$ 的实数值的个数为( ).

(A)$0$ (B)$1$ (C)$2$ (D)$3$

(E)大于 $3$

13. 在 $xOy$ 平面中满足 $x+y \leq 5$ 的点集里以正有理数为坐标的点的个数为( ).

(A)$9$ (B)$10$ (C)$14$ (D)$15$

(E)无限个

14. 长方形 $ABCD$ 长 $5$ cm、宽 $3$ cm,点 $E$ 及 $F$ 分对角线 $AC$ 为三等分, $\triangle BEF$ 的面积以 cm$^2$ 为单位是

( ).

(A) $\frac{3}{2}$  (B) $\frac{5}{3}$  (C) $\frac{5}{2}$  (D) $\frac{1}{3}\sqrt{34}$

(E) $\frac{1}{3}\sqrt{68}$

15. 若 $x-y>x$ 及 $x+y<y$,则( ).
(A) $y<x$  (B) $x<y$  (C) $x<y<0$
(D) $x<0, y<0$  (E) $x<0, y>0$

16. 若 $\frac{4^x}{2^{x+y}}=8$ 及 $\frac{9^{x+y}}{3^{5y}}=243$,其中 $x$ 及 $y$ 为实数,则 $xy$ 等于( ).

(A) $\frac{12}{5}$  (B) 4  (C) 6  (D) 12

(E) $-4$

17. 曲线 $x^2+4y^2=1$ 及 $4x^2+y^2=4$ 的公共点的个数为( ).
(A) 0  (B) 1  (C) 2  (D) 3
(E) 4

18. 给定一算术数列,其首项为2,末项为29,各项的和为155.则公差为( ).

(A) 3  (B) 2  (C) $\frac{27}{19}$  (D) $\frac{13}{9}$

(E) $\frac{23}{38}$

19. 设 $S_1$ 为算术数列 $8, 12, \cdots$ 的前 $n$ 项的和,又设 $S_2$ 为算术数列 $17, 19, \cdots$ 的前 $n$ 项的和.假设 $n \neq 0$.则 $S_1 = S_2$ ( ).

(A) 对任一 $n$ 值均不可能
(B) 对某一 $n$ 值成立

(C)对某两个 $n$ 值成立

(D)对某四个 $n$ 值成立

(E)对多于四个 $n$ 值成立

20. 命题"对所有实数 $a,b$,若 $a=0$,则 $ab=0$"的否定可写成:存在实数 $a,b$ 使(   ).

(A) $a\neq 0$ 及 $ab\neq 0$    (B) $a\neq 0$ 及 $ab=0$

(C) $a=0$ 及 $ab\neq 0$     (D) $ab\neq 0$ 及 $a\neq 0$

(E) $ab=0$ 及 $a\neq 0$

## 2 第二部分

21. 一"$n$ 角星"如图所示:取一凸 $n$ 多边形,依次记其边为 $1,2,\cdots,n(n\geq 5)$ 并假设对 1 至 $n$ 间的任何整数 $k$,边 $k$ 与边 $k+2$ 互不平行(边 $n+1$ 及边 $n+2$ 分别看成等同于边 1 及边 2). 现对所有这样的 $k$,把边 $k$ 及边 $k+2$ 延长直至两者相交.(图中为当 $n=5$ 的例)设 $S$ 为 $n$ 个角的内角度数和,则 $S$ 等于(   ).

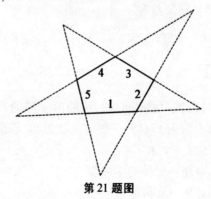

第 21 题图

(A)180  (B)360  (C)$180(n+2)$
(D)$180(n-2)$   (E)$180(n-4)$

22. 考虑下列各式：(Ⅰ)$\sqrt{a^2+b^2}=0$；(Ⅱ)$\sqrt{a^2+b^2}=ab$；(Ⅲ)$\sqrt{a^2+b^2}=a+b$；(Ⅳ)$\sqrt{a^2+b^2}=a-b$. 其中$a,b$表示实数或复数. 除$a=0$及$b=0$外尚有其他解的式为( ).

(A)(Ⅰ),(Ⅱ),(Ⅲ),(Ⅳ)
(B)仅(Ⅱ),(Ⅲ),(Ⅳ)
(C)仅(Ⅰ),(Ⅲ),(Ⅳ)
(D)仅(Ⅲ),(Ⅳ)    (E)仅(Ⅰ)

23. 若$x$为实数且有$4y^2+4xy+x+6=0$, 则使$y$取实值的所有$x$值的集为( ).

(A)$x\leqslant -2$ 或 $x\geqslant 3$    (B)$x\leqslant 2$ 或 $x\geqslant 3$
(C)$x\leqslant -3$ 或 $x\geqslant 2$    (D)$-3\leqslant x\leqslant 2$
(E)$-2\leqslant x\leqslant 3$

24. 若$\log_M N=\log_N M, M\neq N, MN>0, M\neq 1, N\neq 1$, 则$MN$等于( ).

(A)$\dfrac{1}{2}$   (B)1    (C)2    (D)10

(E)一个大于2而小于10的数

25. 若$F(n+1)=\dfrac{2F(n)+1}{2}, n=1,2,\cdots,$ 且$F(1)=2$, 则$F(101)$等于( ).

(A)49   (B)50   (C)51   (D)52
(E)53

26. 设$m$为一正整数且直线$13x+11y=700$及$y=mx-1$相交于一以整数为坐标的点, 则$m$的值只可以是( ).

(A)4　　(B)5　　(C)6　　(D)7
(E)4,5,6,7 中的一个

27. 某人划船 15 km. 若依他惯常的速度而划,则顺流比逆流所需的时间少 5 h. 若依他惯常的速度的两倍而划,则顺流比逆流所需的时间仅少 1 h. 以每小时若干千米计算,水流的速度为(　　).

(A)2　　(B)$\dfrac{5}{2}$　　(C)3　　(D)$\dfrac{7}{2}$

(E)4

28. 在一直线上依次取 $O,A,B,C,D$ 五点并使 $OA=a$, $OB=b, OC=c, OD=d$. $P$ 为在直线上位于 $B$ 及 $C$ 间的一点,且有 $AP:PD=BP:PC$. 则 $OP$ 等于(　　).

(A) $\dfrac{b^2-bc}{a-b+c-d}$ 　　(B) $\dfrac{ac-bd}{a-b+c-d}$

(C) $-\dfrac{bd+ac}{a-b+c-d}$ 　　(D) $\dfrac{bc+ad}{a+b+c+d}$

(E) $\dfrac{ac-bd}{a+b+c+d}$

29. 少于 1 000 而不能被 5 及 7 所除尽的正整数的个数为(　　).

(A)688　　(B)686　　(C)684　　(D)658

(E)630

30. 若 $x^4+ax^2+bx+c=0$ 的根其中三个为 1,2,3,则 $a+c$ 等于(　　).

(A)35　　(B)24　　(C)−12　　(D)−61

(E)−63

## 3 第三部分

31. 如图所示，△ABC 内接于以 O' 为圆心的圆，而另一以 O 为圆心的圆则内接于△ABC. 联结并延长 AO 使之与大圆交于点 D. 则必有(　　).

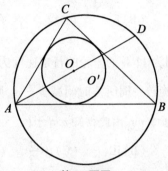

第31题图

(A) $CD = BD = O'D$　　(B) $AO = CO = OD$

(C) $CD = CO = BD$　　(D) $CD = OD = BD$

(E) $O'B = O'C = OD$

32. 设 M 为△ABC 中 AB 边的中点. 设 P 为 AB 上位于 A 及 M 间的一点. 作 MD 平行于 PC 并与 BC 交于 D. 若 r 表示△BPD 与△ABC 的面积比，则(　　).

(A) $\frac{1}{2} < r < 1$，按 P 的位置而定

(B) $r = \frac{1}{2}$，不论 P 位于何处

(C) $\frac{1}{2} \leq r < 1$，按 P 的位置而定

(D) $\frac{1}{3} < r < \frac{2}{3}$,按 $P$ 的位置而定

(E) $r = \frac{1}{3}$,不论 $P$ 位于何处

33. 若 $ab \neq 0$ 及 $|a| \neq |b|$,则满足方程 $\frac{x-a}{b} + \frac{x-b}{a} = \frac{b}{x-a} + \frac{a}{x-b}$ 的不同的 $x$ 值的个数为( ).

(A) 0　　(B) 1　　(C) 2　　(D) 3
(E) 4

34.① 设圆周为 11 ft 的车轮的行走速度为 $r$ mi/h. 已知若车轮旋转一周所需时间减少 $\frac{1}{4}$ s,则速度 $r$ 每小时增加了 5 mi. 由此得知 $r$ 等于( ).

(A) 9　　(B) 10　　(C) $10\frac{1}{2}$　　(D) 11
(E) 12

35. 设 $O$ 为 $\triangle ABC$ 的一内点并设 $S_1 = OA + OB + OC$. 若 $S_2 = AB + BC + CA$,则( ).

(A) 不论 $\triangle ABC$ 为怎样的三角形,$S_2 > 2S_1$ 及 $S_1 \leq S_2$

(B) 不论 $\triangle ABC$ 为怎样的三角形,$S_2 \geq 2S_1$ 及 $S_1 < S_2$

(C) 不论 $\triangle ABC$ 为怎样的三角形,$S_1 > \frac{1}{2}S_2$ 及 $S_1 < S_2$

(D) 不论 $\triangle ABC$ 为怎样的三角形,$S_2 \geq 2S_1$ 及 $S_1 \leq S_2$

(E) 上述 (A),(B),(C),(D) 每一项都不是对任何三角形常真

36. 设 $(1 + x + x^2)^n = a_0 + a_1 x + a_2 x^2 + \cdots + a_{2n} x^{2n}$ 为 $x$

---

① 1 ft = 0.304 8 m, 1 mi = 1.609 344 km.

的一恒等式. 若定义 $S = a_0 + a_2 + a_4 + \cdots + a_{2n}$, 则 $S$ 等于( ).

(A)$2^n$　(B)$2^n + 1$　(C)$\dfrac{3^n - 1}{2}$　(D)$\dfrac{3^n}{2}$

(E)$\dfrac{3^n + 1}{2}$

37. 甲、乙、丙三人合做一件工作比甲单独一人做所需时间少 6 h, 比乙单独一人做少 1 h, 也刚好是丙单独一人做所需时间的一半. 设甲、乙二人合做需 $h$ h, 则 $h$ 等于( ).

(A)$\dfrac{5}{2}$　(B)$\dfrac{3}{2}$　(C)$\dfrac{4}{3}$　(D)$\dfrac{5}{4}$

(E)$\dfrac{3}{4}$

38. △$ABC$ 中, $AM$ 和 $CN$ 分别为 $BC$ 和 $AB$ 两边上的中线, 且相交于点 $O$. $P$ 为 $AC$ 的中点, 且 $MP$ 与 $CN$ 相交于点 $Q$. 若 △$OMQ$ 的面积为 $n$, 则 △$ABC$ 的面积为( ).

(A)$16n$　(B)$18n$　(C)$21n$　(D)$24n$

(E)$27n$

39. 设以 $R_1$ 为基底时, $F_1$ 的分数展开式为 0.373 737$\cdots$, 而 $F_2$ 的分数展开式为 0.737 373$\cdots$. 又设以 $R_2$ 为基底时, $F_1$ 展开式为 0.252 525$\cdots$, 而 $F_2$ 展开式为 0.525 252$\cdots$. 则 $R_1$ 和 $R_2$ (两者皆以十进制表示) 的和为( ).

(A)24　(B)22　(C)21　(D)20

(E)19

40. 如图中的 $AB$ 为以 $O$ 为圆心, $a$ 为半径的圆的直径. 作弦 $AD$ 并延长使之与圆的点 $B$ 上的切线相交于

点 $C$. $E$ 为 $AC$ 上一点且 $AE = DC$. 设 $x$ 和 $y$ 分别表示 $E$ 到点 $A$ 上的切线和到直径 $AB$ 的距离. 可以推出关系式(    ).

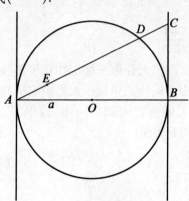

第 40 题图

(A) $y^2 = \dfrac{x^3}{2a-x}$     (B) $y^2 = \dfrac{x^3}{2a+x}$

(C) $y^4 = \dfrac{x^2}{2a-x}$     (D) $x^2 = \dfrac{y^2}{2a-x}$

(E) $x^2 = \dfrac{y^2}{2a+x}$

## 4　答　案

1.(C)　2.(E)　3.(D)　4.(B)　5.(A)　6.(C)
7.(A)　8.(B)　9.(A)　10.(E)　11.(C)
12.(E)　13.(E)　14.(C)　15.(D)　16.(B)
17.(C)　18.(A)　19.(B)　20.(C)　21.(E)
22.(A)　23.(A)　24.(B)　25.(D)　26.(C)

27. (A) 28. (B) 29. (B) 30. (D) 31. (D)
32. (B) 33. (D) 34. (B) 35. (C) 36. (E)
37. (C) 38. (D) 39. (E) 40. (A)

## 5  1966年试题解答

1. 据题意有 $(3x-4)=k(y+15)$，其中比例常数 $k=\frac{1}{9}$，可用 $(2,3)$ 代入 $(x,y)$ 求得. 从关系式 $(3x-4)=\frac{1}{9}(y+15)$ 可得到 $y=12$ 时，$x=\frac{7}{3}$.

答案：(C).

2. 若 $b$ 和 $h$ 分别表示三角形的底和高，则当两者改变 10% 后，面积变为

$$\frac{1}{2} \cdot 1.1b \cdot 0.9h = 0.99\left(\frac{1}{9}bh\right)$$

比原来面积 $\frac{1}{2}bh$ 减少 1%.

注：若 $b$ 增加本身的 $c$ 倍（即变为 $b+cb$），而 $h$ 减少本身的 $c$ 倍（即变为 $h-ch$），则两者的乘积 $p=bh$ 减少本身的 $c^2$ 倍，而变为

$$\begin{aligned}p' &= (1+c)b(1-c)h = (1-c^2)bh \\ &= (1-c^2)p = p - c^2 p\end{aligned}$$

答案：(E).

3. 设 $r$ 和 $s$ 的等差及等比中项如题目所设

$$\frac{1}{2}(r+s)=6, \sqrt{rs}=10$$

则 $r+s=12, rs=100$. 以 $r$ 和 $s$ 为根的一个二次方程

式为
$$(x-r)(x-s) = x^2 - (r+s)x + rs = 0$$
把上面的 $r+s$ 和 $rs$ 值代入即得(D)选项中的方程式
$$x^2 - 12x + 100 = 0$$
注:容易看出 $r$ 和 $s$ 不是正实数,否则上面给出的数值与著名的等比、等差中项不等式相矛盾,该不等式对正实数 $a$ 和 $b$ 来说,有如下关系
$$\frac{a+b}{2} \geqslant \sqrt{ab}$$
仅当 $a=b$ 时等号成立. 事实上,(D)选项中的方程式的根为共轭复数 $6 \pm 8i$.

答案:(D).

4. 如图所示,外接圆与内切圆的半径比等于正方形对角线与边的比,也就是等于 $\sqrt{2}$. 两圆的面积比等于两者半径比的平方,即 $(\sqrt{2})^2 = 2$.

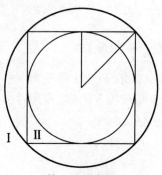

第4题答案图

答案:(B).

5. 方程式左方对 $x=0$ 和 $x=5$ 无意义,而对所有其他的 $x$ 值则等于常数2. 方程式右方对所有 $x$ 均定义,但只当 $x=5$ 时才等于2. 故此不存在满足方程式的

$x$ 值.

答案:(A).

6. 如图所示,△$ABC$ 为以 $AB=5$ cm 为斜边的直角三角形,这是因为∠$ACB$ 为一半圆的圆周角. 又因半径 $OC=OB=\dfrac{5}{2}$ cm 且两者的夹角为 $60°$,所以△$BOC$ 为等边三角形,因而 Rt △$ABC$ 的直角边 $BC$ 长 $\dfrac{5}{2}$ cm. 由毕氏定理得

$$AC^2 = AB^2 - BC^2 = 5^2 - (\dfrac{5}{2})^2 = \dfrac{75}{4}, AC = \dfrac{5\sqrt{3}}{2}$$

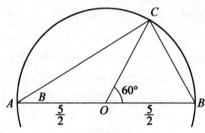

第6题答案图

答案:(C).

7. 若把恒等式右方变成一个分式,便得恒等式

$$\dfrac{35x-29}{x^2-3x+2} = \dfrac{(x-2)N_1+(x-1)N_2}{(x-1)(x-2)}$$

因分母相等,分子也相等,也就是说对所有 $x$,$35x-29=(x-2)N_1+(x-1)N_2$. 一个 $x$ 的线性函数完全由它对两个不同的 $x_1$ 和 $x_2$ 所得的值而决定;对上面的情形来说,取 $x_1=1$ 和 $x_2=2$ 最为方便. 把这个值代入式中得

$$35-29=-N_1, N_1=-6$$

$$70-29=N_2, N_2=41$$

故此 $N_1 N_2 = -246$.

注：当且仅当它们的 $x$ 的系数相等而常数项也相等，那么这两个 $x$ 的线性函数相等. 因此这个问题也可用使对应系数相等的方法来解答，由此所得 $N_1$ 和 $N_2$ 的两个线性方程式推出 $N_1 = -6, N_2 = 41$.

上述的两个方法均可推广到高次多项式的情形上.

答案：(A).

8. 记公共弦为 $AB$，其中点为 $P$，小圆和大圆的圆心分别为 $O$ 和 $O'$，$OO'$ 垂直于 $AB$ 且经过 $P$. 对 Rt$\triangle OPA$ 和 $\triangle O'PA$ 由毕氏定理得

$$OP^2 = OA^2 - AP^2 = 10^2 - 8^2 = 36, OP = 6$$
$$PO'^2 = O'A^2 - AP^2 = 17^2 - 8^2 = 225, PO' = 15$$

如图所示，$O$ 位于大圆之外，则两圆心间的距离为

$$OO' = OP + PO' = 6 + 15 = 21$$

（若 $O$ 位于大圆之内，则 $OO' = PO' - OP = 15 - 6 = 9$）

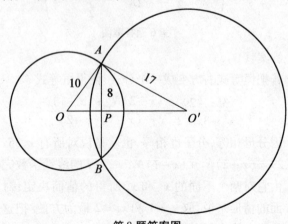

第 8 题答案图

答案：(B).

9. 根据定义,$\log_8 2 = \frac{1}{3}, \log_2 8 = 3$,从而
$$x = (\log_8 2)^{\log_2 8} = (\frac{1}{3})^3 = 3^{-3}$$
所以 $\log_3 x = -3$.

答案:(A).

10. 设两个数为 $x, y$. 则
$$x + y = xy = 1$$
所以
$$\begin{aligned}1 &= (x+y)^3 = x^3 + y^3 + 3xy(x+y) \\ &= x^3 + y^3 + 3 \times 1 \times 1 = x^3 + y^3 + 3\end{aligned}$$
所以 $x^3 + y^3 = -2$.

答案:(E).

11. 因为三角形的任一角分线分对边为两线段,其比例与两邻边的比例相等,所以最短边 $AC$ 被 $D$ 依比例 4:3 所分,较长的一段为 $AC$ 长度的 $\frac{4}{7}$,即 $\frac{4}{7} \times 10 = 5\frac{5}{7}$.

答案:(C).

12. 若全部写为 2 的幂,方程式相当于
$$2^{6x+3} \cdot 2^{2(3x+6)} = 2^{3(4x+5)}$$
即
$$2^{12x+15} = 2^{12x+15}$$
这对 $x$ 的任何实值均成立.

答案:(E).

13. 在两个不同的实数间存在无穷个有理数,因此有无穷个有理数 $x$ 满足 $0 < x < 5$. 随便选取这样一个 $x$,命 $y = 5 - x$,则 $0 < y < 5$,$y$ 亦是有理数,且 $x + y = 5$ (因而 $x + y \leqslant 5$).

答案:(E).

14. 如图所示,$\triangle AEB$, $\triangle BEF$, $\triangle FCB$ 有相同的高和相

等的底边,因此面积相等,分别为 $\triangle ABC$ 面积的 $\frac{1}{3}$,

即等于 $\frac{1}{3}(\frac{1}{2} \times 5 \times 3) = \frac{5}{2}$ (cm²).

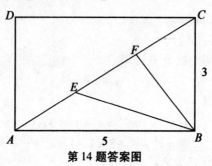

第14题答案图

答案:(C).

15. 因 $x - y > x$,所以 $-y > 0$ 即 $y < 0$. 又因 $x + y < y$,所以 $x < 0$. 故得 $x < 0, y < 0$.

答案:(D).

16. 以 2 的幂表示,由第一个方程式得

$$\frac{2^{2x}}{2^{x+y}} = 2^{x-y} = 2^3$$

所以 $x - y = 3$.

以 3 的幂表示,由第二个方程式得

$$\frac{3^{2(x+y)}}{3^{5y}} = 3^{2x-3y} = 3^5$$

所以 $2x - 3y = 5$.

由方程式 $x - y = 3$ 和 $2x - 3y = 5$ 解得 $y = 1, x = 4$.

从而 $xy = 4$.

答案:(B).

17. 如图所示,两条曲线均为以原点为中心且两轴位于坐标轴上的椭圆. 它们的标准方程式为

$$\frac{x^2}{1^2}+\frac{y^2}{\left(\frac{1}{2}\right)^2}=1$$

$$\frac{x^2}{1^2}+\frac{y^2}{2^2}=1$$

由此可知前者的长轴为由$(-1,0)$到$(1,0)$的线段,而后者的短轴亦为同一线段,因而后者的点除这两点外皆落于前者之外.所以两条曲线的公共点只有$(-1,0)$和$(1,0)$两点,而它们亦于该两点处相切.

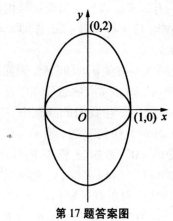

第17题答案图

答案:(C).

18. 以 $a$ 为首项,$d$ 为公差的算术级数的第 $n$ 项 $l$ 和前 $n$ 项和 $s$ 的公式为

$$l=a+(n-1)d \text{ 和 } s=\frac{1}{2}n(a+l)$$

由第二个公式得 $155=\frac{1}{2}n(2+29)$,$n=10$,再由第一个公式得

$$29 = 2 + (10-1)d, d = 3$$

答案:(A).

19. 算术级数的前 $n$ 项和 $s$ 的公式可写成

$$s = \frac{n}{2}[2a + (n-1)d]$$

因而

$$s_1 = \frac{n}{2}[2 \times 8 + (n-1)4] = \frac{n}{2}(12 + 4n)$$

$$s_2 = \frac{n}{2}[2 \times 17 + (n-1)2] = \frac{n}{2}(32 + 2n)$$

对 $n \neq 0$,有 $s_1 = s_2$ 当且仅当两括号内的式子相等,即当且仅当 $12 + 4n = 32 + 2n$,亦即 $n = 10$.

答案:(B).

20. 设 $P(a,b)$ 为一有关 $a,b$ 的命题. 则陈述句"对所有 $a$ 和 $b, P(a,b)$ 成立"的否定为"存在 $a$ 和 $b$ 使 $P(a,b)$ 不成立". 在我们的问题中,$P(a,b)$ 表示: 若 $a = 0$ 而 $b$ 为任何实数,则 $ab = 0$. 这相当于说 "$a \neq 0$ 或 $ab = 0$". 形如 "$S$ 或 $T$" 的陈述句的否定为 "非 $S$ 和非 $T$". 所以 $P(a,b)$ 的否定为 "$a = 0$ 和 $ab \neq 0$". 因此"对所有 $a$ 和 $b, P(a,b)$ 成立"这个陈述句的否定为"存在 $a$ 和 $b$ 使 $a = 0$ 和 $ab \neq 0$".

答案:(C).

21. 记图中 $n$ 角星的角为 $a_1, a_2, a_3, \cdots, a_n$,小凸多边形的角为 $\alpha_1, \alpha_2, \alpha_3, \cdots, \alpha_n$,并定义 $\alpha_{n+1} = \alpha_1$. 则

$$a_1 = 180 - (180 - \alpha_1) - (180 - \alpha_2) = \alpha_1 + \alpha_2 - 180$$

$$a_2 = 180 - (180 - \alpha_2) - (180 - \alpha_3)$$
$$\quad = \alpha_2 + \alpha_3 - 180$$

$$\vdots$$

$$a_n = 180 - (180 - \alpha_n) - (180 - \alpha)$$

$$= \alpha_n + \alpha_1 - 180$$
把左、右的角分别加起来得
$$S = 2(\alpha_1 + \alpha_2 + \alpha_3 + \cdots + \alpha_n) - 180n$$
因凸 $n$ 边形内角和为 $180(n-2)$,故得
$$S = 2 \cdot 180(n-2) - 180n = 180(n-4)$$

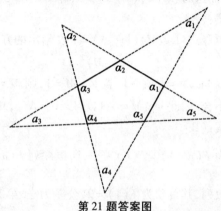

第21题答案图

答案:(E).

22. 四个方程式的任一个都有无穷个解 $(a,b) \neq (0,0)$. 例如若 $a$ 为任一大于 1 的数,则 $b = a\sqrt{-1}$,$\dfrac{a}{\sqrt{a^2-1}}$,$0$,$0$ 分别满足 I,II,III,IV. 除这些外,每一方程尚有很多其他的解.

答案:(A).

23. 我们可把方程看成 $y$ 的二次方程,其判别式为
$$\Delta = (4x)^2 - 4 \cdot 4(x+6) = 16(x^2 - x - 6)$$
$$= 16(x-3)(x+2)$$
当且仅当 $\Delta \geq 0$ 时 $y$ 为实数,而且若上面右方的因子 $x-3$ 和 $x+2$ 有相同的正负号时,即是说若 $x \leq -2$ 或 $x \geq 3$ 时,后者成立. 另一方法为把方程写

成
$$4y^2 + 4xy + x^2 - (x^2 - x - 6) = 0$$
即
$$(2y + x)^2 = (x + 2)(x - 3)$$
对实数 $x$ 当且仅当 $y$ 为实数时,上式左方为非负数. 而这时 $(x+2)(x-3) \geq 0$, 即 $x \leq -2$ 或 $x \geq 3$.

答案:(A).

24. 由恒等式 $(\log_N M)(\log_M N) = 1$ 及给出的方程式得
$$(\log_N M)^2 = 1$$
所以 $\log_N M = 1$ 或 $-1$. 若 $\log_N M = 1$, 则 $M = N$, 与题设不合, 因此 $\log_N M = -1$, 所以 $M = N^{-1}, MN = 1$.

答案:(B).

25. 因为 $F(n+1) = F(n) + \frac{1}{2}$, 所以序列 $F(n)$ 为一算术数列, 其首项为 $F(1) = 2$, 公差为 $\frac{1}{2}$. 第 101 项为
$$F(101) = 2 + (101 - 1)\frac{1}{2} = 2 + 50 = 52$$

答案:(D).

26. 把第二式代入第一式得 $13x + 11(mx - 1) = 700$, 因而
$$x = \frac{711}{13 + 11m} = \frac{3^2 \times 79}{13 + 11m}$$

因为 $x$ 为一整数,分母 $13 + 11m$ 必须是分子的因子, 即是 $1, 3, 3^2, 79, 3 \times 79, 3^2 \times 79$ 中的一个. 我们要找的是正整数 $m$ 使
$$13 + 11m = d, \quad 即 \ m = \frac{d - 13}{11}$$

其中 $d$ 为上述因子之一. 因为 $m > 0$, 必须有 $d > 13$, 故只需考虑后三个因子:

(1) 若 $d=79$,则 $d-13=66$,而 $m=\dfrac{66}{11}=6$.

(2) 若 $d=3\times79=237$,则 $d-13=224$ 并不能被 11 除尽.

(3) 若 $d=3^2\times79=711$,则 $d-13=698$ 并不能被 11 除尽.

由此可知在正整数中只有 $m=6$ 才能使题设的两直线相交于一格点(即 $x,y$ 坐标均为整数的点).

答案:(C).

27. 设 $c$ 为水流速度,$m$ 为划船者在静水中的速度,从而他在顺流和逆流中的速度分别为 $m+c$ 和 $m-c$. 当他把速度加倍时,则为 $2m+c$ 和 $2m-c$. 现距离为 15 km,而时间 $=\dfrac{距离}{速度}$,故得

$$\dfrac{15}{m+c}=\dfrac{15}{m-c}-5 \text{ 和} \dfrac{15}{2m+c}=\dfrac{15}{2m-c}-1$$

以 $(m+c)(m-c)$ 乘第一式,$(2m+c)(2m-c)$ 乘第二式,化简得

$$5m^2-5c^2=30c \text{ 和 } 4m^2-c^2=30c$$

相减得 $m^2-4c^2=0$,所以 $m=2c$.

再代入上面的第二式得

$$4(4c^2)-c^2=30c$$

所以 $15c=30$ 即 $c=2$.

答案:(A).

28. 比例 $AP:PD=BP:PC$ 可写为

$$(p-a):(d-p)=(p-b):(c-p)$$

其中 $p$ 表示距离 $OP$.

所以

$$(-a+p)(-p+c)=(-b+p)(-p+d)$$

$$-ac+(a+c)p-p^2 = -p^2+(b+d)p-bd$$
$$[(a+c)-(b+d)]p = ac-bd$$
$$p = \frac{ac-bd}{a-b+c-d} = OP$$

答案：(B).

29. 小于某正整数 $M$ 的正整数有 $M-1$ 个，小于 $M$ 且被 $d$ 整除的正整数的个数则不超过 $\frac{M-1}{d}$.（用 $[x]$ 表示不超过数 $x$ 的最大整数）所以在小于1 000的 999 个正整数中有 $N_1 = \left[\frac{999}{5}\right]$（个）可被 5 整除和 $N_2 = \left[\frac{999}{7}\right]$（个）可被 7 整除，其中有既被 5 也被 7 整除的，因此从小于 1 000 的 999 个数中剔去被 5 整除的那些数，再剔去被 7 整除的，就会把同时被 5 和 7 整除（即被 35 整除）的数剔去两次，所以所求的答案为

$$999 - \left[\frac{999}{5}\right] - \left[\frac{999}{7}\right] + \left[\frac{999}{35}\right] = 999 - 199 - 142 + 28$$
$$= 686$$

答案：(B).

30. 因为根的和为零，所以第四个根为 $-6$，而方程为
$$(x-2)(x-3)(x-1)(x+6) = 0$$
所以
$$(x^2-5x+6)(x^2+5x-6) = x^4 - (5x-6)^2$$
$$= x^4 - 25x^2 + 60x - 36 = 0$$

所以 $a+c = -25-36 = -61$.

答案：(D).

31. 因为 $AB$ 和 $AC$ 与小圆相切，而 $AD$ 通过小圆圆心，

所以∠CAD = ∠BAD = α(见图). 同理, ∠ACO = ∠BCO = β. 因此$\overset{\frown}{CD}$和$\overset{\frown}{BD}$相等,从而两弦也相等: CD = BD. 接着我们证明 CD = OD,方法是要证明两者在△CDO 中所对的角相等. 首先, ∠OCD = ∠OCB + ∠BCD = β + α, 另一方面∠COD 为△AOC 的外角因而等于内对角的和 α + β. 所以 CD = OD, 即(D)为正确答案.

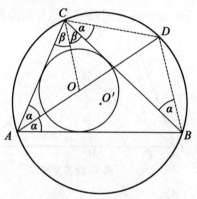

第31题答案图

答案:(D).

32. 以$S_{\triangle XYZ}$记任意△XYZ 的面积. 因 PC∥MD, 所以

$$S_{\triangle MDC} = S_{\triangle MDP}$$

从而

$$S_{\triangle BPD} = S_{\triangle BMD} + S_{\triangle MDP}$$
$$= S_{\triangle BMD} + S_{\triangle MDC} = S_{\triangle BMC}$$
$$= \frac{1}{2} S_{\triangle ABC}$$

最后的等式成立因 CM 为中线. 所以

$$r = \frac{S_{\triangle BPD}}{S_{\triangle ABC}} = \frac{1}{2}$$

注:若 $P$ 位于 $A$ 的左方,证明不变,但若 $P$ 在 $M$ 和 $B$ 之间,则 $PC$ 为 $\triangle PCM$ 和 $\triangle PCD$ 的公共底边,这两个三角形的面积相等,且加上 $\triangle PCB$ 后可得 $S_{\triangle BPD} = S_{\triangle BMC} = \frac{1}{2}S_{\triangle ABC}$. 若 $P$ 位于 $B$ 的右边又如何?能否找到一个证明对 $P$ 在直线 $AB$ 上任一点均适用?这或许要用到带正负号的面积.

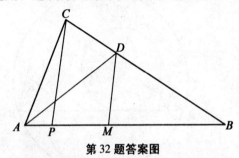

第32题答案图

答案:(B).

33. 若把方程每边写成一个分式,便得等价方程

$$\frac{a(x-a)+b(x-b)}{ab} = \frac{b(x-b)+a(x-a)}{(x-a)(x-b)}$$

因两边分子相等,故当:(1)分母相等,或(2)分子为零时等式成立.

(1) 要求

$$(x-a)(x-b) = x^2 - (a+b)x + ab = ab$$

故 $x[x-(a+b)] = 0$,即 $x = 0$ 或 $x = a+b$.

(2) 要求

$$a(x-a) + b(x-b) = (a+b)x - (a^2+b^2) = 0$$

即 $x = \dfrac{(a^2+b^2)}{(a+b)}$. 题中所设保证上面找出的三个 $x$

值各不相等.

答案:(D).

34. 已知 $r = 速度(\text{mi/h}) = \dfrac{距离(\text{mi})}{时间(\text{h})}$.

所以 $r \cdot \dfrac{5\,280}{3\,600} = \dfrac{22}{15}r = \dfrac{距离(\text{ft})}{时间(\text{s})}$.

而时间$(\text{s}) = \dfrac{距离(\text{ft})}{r} \cdot \dfrac{15}{22}$.

旋转一周所需时间 $= \dfrac{11 \times 15}{22r} = \dfrac{15}{2r} = t(\text{s})$. 当 $r$ 增加

$5, t$ 减少 $\dfrac{1}{4}$,所以

$$\dfrac{15}{2(r+5)} = t - \dfrac{1}{4}$$

从而 $\dfrac{15}{2(r+5)} = \dfrac{15}{2r} - \dfrac{1}{4} = \dfrac{30-r}{4r}$.

因此 $30r = (r+5)(30-r) = 30r - r^2 + 150 - 5r$,即
$r^2 + 5r - 150 = 0, (r-10)(r+15) = 0$

负速度不合题意,因而 $r = 10$.

答案:(B).

35. 下列各式中左边的不等式比较了三角形底边与其余两边之和,而右边的不等式(将于下面证明)比较了该两边之和与包着该三角形的另一同底三角形的两边之和(见图)

$$AB < OA + OB < AC + CB$$
$$BC < OB + OC < BA + AC$$
$$CA < OC + OA < CB + BA$$

将各式对应项加起来得

$$S_2 < 2S_1 < 2S_2$$

$$\frac{1}{2}S_2 < S_1 < S_2$$

也就是(C)所说的条件.

要证明 $OA + OB < AC + CB$, 先延长线段 $AO$ 使之与 $BC$ 相交于点 $D$. 由三角形不等式得

$$AD = AO + OD < AC + CD$$
$$OB < OD + DB$$

相加得

$$AO + OD + OB < AC + CD + OD + DB$$

所以

$$AO + OB < AC + CD + DB = AC + CB$$

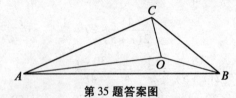

第35题答案图

答案：(C).

36. 先后以 $x = 1$ 和 $x = -1$ 代入恒等式得

$$(1 + 1 + 1^2)^n = 3^n = a_0 + a_1 + a_2 + \cdots + a_{2n-1} + a_{2n}$$
$$[1 + (-1) + (-1)^2]^n = 1^n$$
$$= a_0 - a_1 + a_2 - \cdots - a_{2n-1} + a_{2n}$$

相加得

$$3^n + 1 = 2a_0 + 2a_2 + \cdots + 2a_{2n}$$
$$= 2(a_0 + a_2 + \cdots + a_{2n}) = 2S$$

$$S = \frac{3^n + 1}{2}$$

注：当 $n = 1$, 有 $S = a_0 + a_2 = 1 + 1 = 2$, 故知(B),

(C)和(D)不合题意,同样若令 $n=2$,知(A)也不合题意.

答案:(E).

37. 设甲、乙、丙单独一人做所需时间分别为 $a$ h, $b$ h, $c$ h. 则他们 1 h 内分别完成该工作的 $\frac{1}{a}, \frac{1}{b}, \frac{1}{c}$, 从而三人合作 1 h 内完成工作的 $\frac{1}{a}+\frac{1}{b}+\frac{1}{c}$. 而"比甲单独做少 6 h"、"比乙少 1 h"和"为丙所需时间的一半"分别表示每小时工作率为 $\frac{1}{a-6}, \frac{1}{b-1}$ 和 $\frac{1}{\frac{c}{2}}=\frac{2}{c}$. 由题设得

$$\frac{1}{a}+\frac{1}{b}+\frac{1}{c}=\frac{1}{a-6}=\frac{1}{b-1}=\frac{2}{c}$$

和 $\frac{1}{a}+\frac{1}{b}=\frac{1}{h}$, 从而 $\frac{1}{h}+\frac{1}{c}=\frac{2}{c}, \frac{1}{h}=\frac{1}{c}, h=c$.

由 $\frac{1}{a-6}=\frac{2}{h}$ 得 $a=\frac{h+12}{2}$, 又由 $\frac{1}{b-1}=\frac{2}{h}$ 得 $b=\frac{h+2}{2}$.

$h$ 的倒数为 $a, b$ 倒数的和, 故

$$\frac{1}{h}=\frac{2}{h+12}+\frac{2}{h+2}$$

化简得

$$3h^2+14h-24=0 \text{ 即 } (3h-4)(h+6)=0$$

$h$ 不能为负数, 故 $h=\frac{4}{3}$.

答案:(C).

38. 如图所示，△OMQ 底边

$$OQ = CO - CQ = \frac{2}{3}CN - \frac{1}{2}CN = \frac{1}{6}CN$$

设 $h$ 为 △OMQ 在边 $OQ$ 上的高，则 $2h$ 为 △CNB 在边 $CN$ 上的高，所以

$$S_{\triangle OMQ} = \frac{1}{2}OQ \cdot h = \frac{1}{12}CN \cdot h = n$$

$$S_{\triangle ABC} = 2S_{\triangle CNB} = 2(\frac{1}{2}CN \cdot 2h)$$

$$= 2CN \cdot h = 24n$$

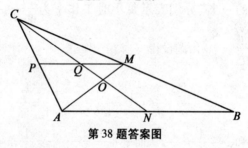

第 38 题答案图

答案：(D).

39. 把分数先后写成以 $\dfrac{1}{R_1}$ 和 $\dfrac{1}{R_2}$ 为公比的无穷几何级数

$$F_1 = \frac{3R_1+7}{R_1^2} + \frac{3R_1+7}{R_1^4} + \cdots = \frac{3R_1+7}{R_1^2-1}$$

$$= \frac{2R_2+5}{R_2^2} + \frac{2R_2+5}{R_2^4} + \cdots = \frac{2R_2+5}{R_2^2-1}$$

所以 $\qquad F_1 = \dfrac{3R_1+7}{R_1^2-1} = \dfrac{2R_2+5}{R_2^2-1}$

同理得

$$F_2 = \frac{7R_1+3}{R_1^2-1} = \frac{5R_2+2}{R_2^2-1}$$

相加得

$$F_1 + F_2 = \frac{10R_1 + 10}{(R_1+1)(R_1-1)} = \frac{10}{R_1-1}$$

$$= \frac{7R_2 + 7}{(R_2+1)(R_2-1)} = \frac{7}{R_2-1}$$

所以 $\dfrac{R_1-1}{10} = \dfrac{R_2-1}{7}, 7R_1 - 10R_2 + 3 = 0$

相减得

$$F_2 - F_1 = \frac{4R_1 - 4}{(R_1+1)(R_1-1)} = \frac{4}{R_1+1}$$

$$= \frac{3R_2 - 3}{(R_2+1)(R_2-1)} = \frac{3}{R_2+1}$$

所以 $\dfrac{R_1+1}{4} = \dfrac{R_2+1}{3}, 3R_1 - 4R_2 - 1 = 0$

由两个 $R_1, R_2$ 的线性方程得出 $R_1 = 11, R_2 = 8$，从而 $R_1 + R_2 = 19$.

编者：能这样化为解线性方程组的问题是因为 $F_1$ 和 $F_2$ 有相同的数字，只是排列相反. 若 $F_1$ 和 $F_2$ 为任意"周期"为 2 的数，则须考虑二次方程组.

答案：(E).

40. 如图所示，由 $E$ 和 $D$ 所作垂线与直径 $AB$ 分别相交于 $M$ 和 $N$. 因 $AC$ 于平行线间有相等的截线（$AE$ 和 $DC$），对 $AB$ 来说亦如此，所以 $NB = x$. Rt $\triangle ABD$ 斜边上的高 $ND$ 为线段 $AN = (2a-x)$ 和 $NB = x$ 的比例中项，即 $ND^2 = x(2a-x)$. 由相似 Rt $\triangle AME$ 和 Rt $\triangle AND$ 得

$$\frac{ND}{2a-x} = \frac{y}{x}, ND = \frac{y(2a-x)}{x}$$

所以 $\dfrac{y^2(2a-x)^2}{x^2}=(2a-x)\cdot x$

即 $y^2=\dfrac{x^3}{2a-x}$.

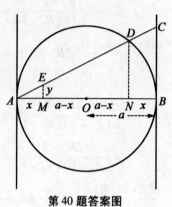

第 40 题答案图

答案:(A).

# 1967 年试题

## 1 第一部分

1. 设三位数 $2a3$ 加上 326 得另一个三位数 $5b9$,若 $5b9$ 被 9 所整除,则 $a+b$ 等于( ).
   (A) 2    (B) 4    (C) 6
   (D) 8    (E) 9

2. 设 $xy \neq 0$,则
   $(\dfrac{x^2+1}{x})(\dfrac{y^2+1}{y}) + (\dfrac{x^2-1}{y})(\dfrac{y^2-1}{x})$
   等于( ).
   (A) 1    (B) $2xy$    (C) $2x^2y^2+2$
   (D) $2xy + \dfrac{2}{xy}$
   (E) $\dfrac{2x}{y} + \dfrac{2y}{x}$

3. 等边三角形边长为 $s$. 三角形内切一圆而圆又内接一正方形,则该正方形面积为( ).

(A) $\dfrac{s^2}{24}$ (B) $\dfrac{s^2}{6}$ (C) $\dfrac{\sqrt{2}}{6}s^2$

(D) $\dfrac{\sqrt{3}}{6}s^2$ (E) $\dfrac{s^2}{3}$

4. 设 $\dfrac{\log a}{p}=\dfrac{\log b}{q}=\dfrac{\log c}{r}=\log x$,其中各对数的底相同而 $x\neq 1$. 若 $\dfrac{b^2}{ac}=x^y$,则 $y$ 等于( ).

(A) $\dfrac{q^2}{p+r}$ (B) $\dfrac{p+r}{2q}$ (C) $2q-p-r$

(D) $2q-pr$ (E) $q^2-pr$

5. 一三角形内切一半径为 $r$ cm 的圆. 若三角形周长为 $P$ cm,而面积为 $K$ cm², 则 $\dfrac{P}{K}$ 为( ).

(A) 与 $r$ 的值无关 (B) $\dfrac{\sqrt{2}}{r}$

(C) $\dfrac{2}{\sqrt{r}}$ (D) $\dfrac{2}{r}$ (E) $\dfrac{r}{2}$

6. 若 $f(x)=4^x$,则 $f(x+1)-f(x)$ 等于( ).
(A) 4 (B) $f(x)$ (C) $2f(x)$
(D) $3f(x)$ (E) $4f(x)$

7. 若 $\dfrac{a}{b}<-\dfrac{c}{d}$,其中 $a,b,c,d$ 是实数,且 $bd\neq 0$,则( ).

(A) $a$ 一定是负数
(B) $a$ 一定是正数
(C) $a$ 一定不为零
(D) $a$ 可能为负或零,但不是正数
(E) $a$ 可能为正、负或零

8. 将 $x$ mL 的水加到 $m$ mL 的 $m\%$ 的酸溶液混合成为 $(m-10)\%$ 的溶液. 如果 $m > 25$,则 $x$ 为(   ).

(A) $\dfrac{10m}{m-10}$   (B) $\dfrac{5m}{m-10}$   (C) $\dfrac{m}{m-10}$

(D) $\dfrac{5m}{m-20}$   (E) 不能确定

9. 一梯形的短底、高、长底依次组成算术级数,设 $K$ 是此梯形的面积,则(   ).

(A) $K$ 一定是整数

(B) $K$ 一定是分数

(C) $K$ 一定是无理数

(D) $K$ 一定是整数或分数

(E) (A),(B),(C),(D) 均不正确

10. 当 $x$ 取正的有理数值时,如果
$$\frac{a}{10^x - 1} + \frac{b}{10^x + 2} = \frac{2 \cdot 10^x + 3}{(10^x - 1)(10^x + 2)}$$
是一恒等式,则 $a - b$ 的值为(   ).

(A) $\dfrac{4}{3}$   (B) $\dfrac{5}{3}$   (C) 2

(D) $\dfrac{11}{4}$   (E) 3

11. 若矩形 $ABCD$ 的周长为 20 cm,则对角线 $AC$ 的最小值(以 cm 计)为(   ).

(A) 0   (B) $\sqrt{50}$   (C) 10

(D) $\sqrt{200}$   (E) 都不是

12. 如果由 $x$ 轴,直线 $y = mx + 4, x = 1$ 以及 $x = 4$ 所界定的凸图形面积为 7,则 $m$ 等于(   ).

(A) $-\dfrac{1}{2}$   (B) $-\dfrac{2}{3}$   (C) $-\dfrac{3}{2}$

(D) -2  (E)都不是

13. △ABC 由给定的边 a(其对角为 A),角 B 以及过点 C 的高 $h_c$ 所构成. 设 N 为由此而确定的不重叠的三角形的数目,则 N( ).

(A)为 1  (B)为 2  (C)一定是零

(D)一定是无限  (E)一定是零或无限

14. 设 $f(t) = \dfrac{t}{1-t}, t \neq 1$. 如果 $y = f(x)$,则 $x$ 可以表示为( ).

(A) $f\left(\dfrac{1}{y}\right)$  (B) $-f(y)$  (C) $-f(-y)$

(D) $f(-y)$  (E) $f(y)$

15. 两相似三角形的面积差为 18 cm², 而较大者与较小者面积之比为一整数的平方. 较小的三角形的面积(按 cm² 计)是一整数,且有一边长为 3 cm. 则较大的三角形的对应边长的厘米数为( ).

(A)12  (B)9  (C)$6\sqrt{2}$

(D)6  (E)$3\sqrt{2}$

16. 本题各数均按 b 进位记数法表示,设乘积 12 × 15 × 16 等于 3 164,又设 s = 12 + 15 + 16, 则 s 为(以 b 进位)( ).

(A)43  (B)44  (C)45

(D)46  (E)47

17. 若 $r_1$ 与 $r_2$ 是方程 $x^2 + px + 8 = 0$ 的相异实根,则一定得到( ).

(A) $|r_1 + r_2| > 4\sqrt{2}$

(B) $|r_1| > 3$ 或 $|r_2| > 3$

(C) $|r_1| > 2$ 或 $|r_2| > 2$

(D)$r_1<0$ 或 $r_2<0$

(E)$|r_1+r_2|<4\sqrt{2}$

18. 如果 $x^2-5x+6<0$ 以及 $P=x^2+5x+6$,则( ).

(A)$P$ 能取任意实数值　　(B)$20<P<30$

(C)$0<P<20$　　(D)$P<0$　　(E)$P>30$

19. 一矩形当它增长 $2\frac{1}{2}$ cm,缩窄 $\frac{2}{3}$ cm 时,或者当它缩短 $2\frac{1}{2}$ cm,增宽 $\frac{4}{3}$ cm 时,面积保持不变,则它的面积(按 $\text{cm}^2$ 计)为( ).

(A)30　　(B)$\frac{80}{3}$　　(C)24

(D)$\frac{45}{2}$　　(E)20

20. 一圆内切于一边长为 $m$ 的正方形,而另一正方形则内接于这个圆内,然后一圆又内切于次一正方形内,如此下去. 如果 $S_n$ 表示上述前 $n$ 个圆的面积总和,则当 $n$ 无限增加时,$S_n$ 趋近于( ).

(A)$\frac{\pi m^2}{2}$　　(B)$\frac{3\pi m^2}{8}$　　(C)$\frac{\pi m^2}{3}$

(D)$\frac{\pi m^2}{4}$　　(E)$\frac{\pi m^2}{8}$

# 2 第二部分

21. 在 Rt$\triangle ABC$ 中,斜边 $AB=5$,直角边 $AC=3$. 角 $A$ 的角分线交对边于 $A_1$. 然后取斜边 $PQ=A_1B$,直角边

$PR = A_1C$,作第二个 Rt $\triangle PQR$. 若角 $P$ 的角分线交对边于 $P_1$,则 $PP_1$ 的长为( ).

(A)$\dfrac{3\sqrt{6}}{4}$ (B)$\dfrac{3\sqrt{5}}{4}$ (C)$\dfrac{3\sqrt{3}}{4}$

(D)$\dfrac{3\sqrt{2}}{2}$ (E)$\dfrac{15\sqrt{2}}{16}$

22. 当 $P$ 除以 $D$ 时,商为 $Q$,余数为 $R$. 当 $Q$ 除以 $D'$ 时,商为 $Q'$,余数为 $R'$,则当 $P$ 除以 $DD'$ 时,其余数为 ( ).

(A)$R + R'D$ (B)$R' + RD$ (C)$RR'$

(D)$R$ (E)$R'$

23. 若 $x$ 是一无限增大的正实数,则
$$\log_3(6x-5) - \log_3(2x+1)$$
趋近于( ).

(A)0 (B)1 (C)3

(D)4 (E)非有限数

24. 方程 $3x + 5y = 501$ 的正整数解组数目为( ).

(A)33 (B)34 (C)35

(D)100 (E)都不是

25. 对于每一个奇数 $p > 1$,我们有( ).

(A)$(p-1)^{\frac{1}{2}(p-1)} - 1$ 被 $p-2$ 整除

(B)$(p-1)^{\frac{1}{2}(p-1)} + 1$ 被 $p$ 整除

(C)$(p-1)^{\frac{1}{2}(p-1)}$ 被 $p$ 整除

(D)$(p-1)^{\frac{1}{2}(p-1)} + 1$ 被 $p+1$ 整除

(E)$(p-1)^{\frac{1}{2}(p-1)} - 1$ 被 $p-1$ 整除

26. 只使用下述简表:$10^3 = 1\,000, 10^4 = 10\,000, 2^{10} = 1\,024, 2^{11} = 2\,048, 2^{12} = 4\,096, 2^{13} = 8\,192$,试判定 lg 2

介于下列哪一组数中,是为最佳选择( ).

(A) $\frac{3}{10}$ 与 $\frac{4}{11}$    (B) $\frac{3}{10}$ 与 $\frac{4}{12}$    (C) $\frac{3}{10}$ 与 $\frac{4}{13}$

(D) $\frac{3}{10}$ 与 $\frac{40}{132}$    (E) $\frac{3}{11}$ 与 $\frac{40}{132}$

27. 两支成分不同长度相同的蜡烛,其中一支,以均匀速率在 3 h 内燃烧完毕,另一支则可燃烧 4 h. 问应在下午什么时候点燃蜡烛,才能使到下午 4 点钟时,其中一支的剩余部分是另一支的 2 倍( ).

(A) 1:24    (B) 1:28    (C) 1:36

(D) 1:40    (E) 1:48

28. 给出两个假设:(Ⅰ)最少有一个 $Mems$ 不是 $Ens$;(Ⅱ)没有一个 $Ens$ 是 $Vees$,我们可以推断( ).

(A) 最少有一个 $Mems$ 不是 $Vees$

(B) 最少有一个 $Vees$ 不是 $Mems$

(C) 没有一个 $Mem$ 是 $Vee$

(D) 最少有一个 $Mems$ 是 $Vees$

(E) 不能从给出的假设推断出(A)或(B)或(C)或(D)

29. $AB$ 是一圆的直径,给切线 $AD,BC$,使 $AC,BD$ 相交于圆上的一点,如果 $AD=a,BC=b,a\neq b$,则圆的半径为( ).

(A) $|a-b|$    (B) $\frac{1}{2}(a+b)$    (C) $\sqrt{ab}$

(D) $\frac{ab}{a+b}$    (E) $\frac{1}{2}\cdot\frac{ab}{a+b}$

30. 一商人以 $d$ 元买入 $n$ 部收音机,$d$ 为正整数. 其中 2 部他以成本的一半售予一义卖市场,余下的收音机每部盈利 8 元. 如果总利润是 72 元,则 $n$ 的最小可能值是( ).

(A)18     (B)16     (C)15
(D)12     (E)11

## 3 第三部分

31. 设 $D = a^2 + b^2 + c^2$，其中 $a,b$ 是相邻的整数，且 $c = ab$，则 $\sqrt{D}$（　）.

(A)总是偶数　　　(B)有时是奇数
(C)总是奇数　　　(D)有时是有理数
(E)总是无理数

32. 四边形 $ABCD$ 中，对角线 $AC$ 与 $BD$ 交于 $O$，$BO = 4$，$OD = 6$，$AO = 8$，$OC = 3$ 以及 $AB = 6$，则 $AD$ 的长度为（　）.

(A)9     (B)10     (C)$6\sqrt{3}$
(D)$8\sqrt{2}$     (E)$\sqrt{166}$

33. 以 $AB, AC, CB$ 为直径的三个半圆两两相切，如图，如果 $CD \perp AB$，则阴影部分的面积与以 $CD$ 为半径的圆的面积之比为（　）.

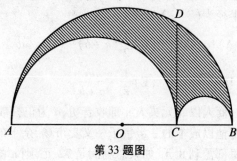

第33题图

(A)1:2    (B)1:3    (C)$\sqrt{3}:7$
(D)1:4    (E)$\sqrt{2}:6$

34. 在 $\triangle ABC$ 的边 $AB, BC, CA$ 上分别取点 $D, E, F$, 使得 $AD:DB = BE:CE = CF:FA = 1:n$. 则 $\triangle DEF$ 与 $\triangle ABC$ 的面积之比为(　　).

    (A)$\dfrac{n^2-n+1}{(n+1)^2}$   (B)$\dfrac{1}{(n+1)^2}$   (C)$\dfrac{2n^2}{(n+1)^2}$

    (D)$\dfrac{n^3}{(n+1)^3}$   (E)$\dfrac{n(n-1)}{n+1}$

35. 方程 $64x^3 - 144x^2 + 92x - 15 = 0$ 的根组成算术级数. 这方程的最大根与最小根之差是(　　).

    (A)2    (B)1    (C)$\dfrac{1}{2}$

    (D)$\dfrac{3}{8}$    (E)$\dfrac{1}{4}$

36. 一含有五项的几何级数, 其中每一项都是小于100的正整数, 五项和为211. 如果 $S$ 是级数中形为一整数的平方的各项之和, 则 $S$ 等于(　　).

    (A)0    (B)91    (C)133
    (D)195    (E)211

37. 直线 $RS$ 与 $\triangle ABC$ 不相交, 由三角形的顶点 $A, B, C$ 向 $RS$ 作垂线, 相应的垂足分别是 $D, E, F$, 又 $AD = 10, BE = 6, CF = 24$. 如果记 $H$ 是由 $\triangle ABC$ 的中线交点 $G$ 到直线 $RS$ 所引垂线的垂足, $x$ 表示线段 $GH$ 的长, 则 $x$ 是(　　).

    (A)$\dfrac{40}{3}$    (B)16    (C)$\dfrac{56}{3}$

    (D)$\dfrac{80}{3}$    (E)不能确定

38. 给出由两个未限定的元素"pib"与"maa"组成的集 S，以及下面的四条公设：$P_1$：每个 pib 是 maa 的集合；$P_2$：任意两个不同的 pib 有且只有一个公共的 maa；$P_3$：每一个 maa 仅属于两个 pib；$P_4$：刚好有四个 pib.

考虑三条定理：$T_1$：刚好有 6 个 maa；$T_2$：每一个 pib 刚好有三个 maa；$T_3$：对每一个 maa 刚好有与它不在同一个 pib 的另一个 maa. 推演出这些定理的公设是（  ）.

(A) 只有 $T_2$      (B) 只有 $T_2$ 与 $T_3$
(C) 只有 $T_1$ 与 $T_2$    (D) 只有 $T_1$ 与 $T_3$
(E) 全部

39. 给出一相邻整数的集 $\{1\}$，$\{2,3\}$，$\{4,5,6\}$，$\{7,8,9,10\}$，…，其中，每一个集较前者多含一个元素，并且它的第一个元素较前一集中最后的元素大 1. 设 $S_n$ 是第 $n$ 个集的元素的总和. 则 $S_{21}$ 等于（  ）.

(A) 1 113    (B) 4 641    (C) 5 082
(D) 53 361    (E) 都不是

40. 位于等边 $\triangle ABC$ 内的点 $P$ 与三个顶点的距离为 $PA=6$，$PB=8$ 以及 $PC=10$. 则最接近此 $\triangle ABC$ 的面积的整数是（  ）.

(A) 159    (B) 131    (C) 95
(D) 79    (E) 50

## 4 答 案

1. (C)  2. (D)  3. (B)  4. (C)  5. (D)  6. (D)

第 3 章　1967 年试题

7.(E)　8.(A)　9.(E)　10.(A)　11.(B)
12.(B)　13.(E)　14.(C)　15.(D)　16.(B)
17.(A)　18.(B)　19.(E)　20.(A)　21.(B)
22.(A)　23.(B)　24.(A)　25.(A)　26.(C)
27.(C)　28.(E)　29.(C)　30.(D)	31.(C)
32.(E)　33.(D)　34.(A)　35.(B)	36.(C)
37.(A)　38.(E)　39.(B)　40.(D)

## 5　1967 年试题解答

1. 因为 $5b9$ 可被 9 整除,而 $0 \leqslant b \leqslant 9$,所以
$$\frac{5b9}{9} = 10\frac{50+b}{9} + 1$$
是一整数;所以 $\frac{50+b}{9}$ 必定是整数. 所以 $b=4$.
另一方面
$$2a3 = 5b9 - 326 = 549 - 326 = 223$$
因此 $a=2$,所以 $a+b = 2+4 = 6$.
答案:(C).

2. 给出的表示式等价于
$$(x+\frac{1}{x})(y+\frac{1}{y}) + (x-\frac{1}{x})(y-\frac{1}{y})$$
$$= (xy + \frac{y}{x} + \frac{x}{y} + \frac{1}{xy}) + (xy - \frac{y}{x} - \frac{x}{y} + \frac{1}{xy})$$
$$= 2xy + \frac{2}{xy}$$
答案:(D).

3. 如图所示,题设的三角形的高 $h$ 为 $\frac{s\sqrt{3}}{2}$,而内切圆的

69

半径 $r$ 是

$$r = \frac{h}{3} = \frac{s\sqrt{3}}{6}$$

内接正方形的对角线就是此圆的直径 $2r = \frac{s\sqrt{3}}{3}$.

而正方形的面积等于它的对角线的平方的一半

$$正方形的面积 = \frac{(2r)^2}{2} = \frac{s^2 \cdot 3}{2 \cdot 9} = \frac{s^2}{6}$$

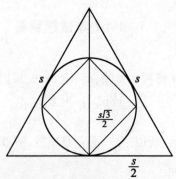

第 3 题答案图

答案：(B).

4. 前三个对数等式等价于下述的指数等式 $a = x^p, b = x^q, c = x^r$，由此

$$\frac{b^2}{ac} = \frac{x^{2q}}{x^{p+r}} = x^{2q-p-r} = x^y, y = 2q - p - r$$

换过来，我们也可以将含 $y$ 的关系表示成指数形式

$$y \log x = 2 \log b - \log a - \log c$$

将前面导出的 $a, b, c$ 的指数式代入此式的右边，得到

$$y \log x = 2q \log x - p \log x - r \log x$$

因为 $x \neq 1, \log x \neq 0$，将此式两边除以 $\log x$，即得到

$$y = 2q - p - r$$

答案:(C).

5. 如图,记外切三角形的边为 $a, b, c$. 那么,过切点的半径垂直于三角形的边,因而,就是 △$OAB$,△$OBC$,△$OCA$ 的高. 所以,此外切三角形的面积是

$$K = \frac{ar + br + cr}{2} = \frac{a+b+c}{\dfrac{r}{2}} = \frac{Pr}{2}$$

因此 $\dfrac{P}{K} = \dfrac{2}{r}$.

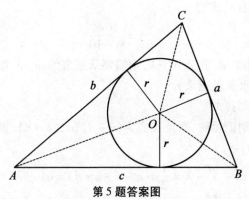

第5题答案图

注:显然,周长 $P$ 正比于 $r$,面积 $K$ 正比于 $r^2$,所以 $\dfrac{P}{K}$ 正比于 $\dfrac{1}{r}$. 这就排除了选项(A),(C),(E).

答案:(D).

6. 由 $f(x) = 4^x$,得到
$$f(x+1) - f(x) = 4^{x+1} - 4^x = 4 \cdot 4^x - 4^x$$
$$= (4-1)4^x = 3 \cdot 4^x = 3f(x)$$

答案:(D).

7. 当 $b, -c$ 及 $d$ 都是正数时,给出的不等式等价于 $a < -\dfrac{bc}{d}$,这意味着 $a$ 小于正数 $-\dfrac{bc}{d}$.因此 $a$ 可能为正、负或零.

答案:(E).

8. $(m+x)$ mL 的混合溶液含有 $\left(\dfrac{m}{100}\right)m$ mL 的酸,这使得其成为 $(m-10)\%$ 的溶液.所以
$$\dfrac{m-10}{100}(m+x)=\dfrac{m^2}{100}$$
解出 $x$,求得
$$x=\dfrac{10m}{m-10}$$
(如果 $m$ 少于 10 mL,则需要从原来的 $m$ mL 溶液中把水蒸发出来).

答案:(A).

9. 分别记短底,高及长底为 $(a-d), a, (a+d)$.则面积为
$$K=\dfrac{1}{2}a(a-d+a+d)=a^2$$
我们对数 $a$ 的性质没有任何的限制,所以(E)是正确的答案.

答案:(E).

10. 在恒等式的两边同时乘以正数 $(10^x-1)(10^x+2)$,得到
$$a(10^x+2)+b(10^x-1)=2\cdot 10^x+3$$
比较此式两边的常数项及 $10^x$ 项的系数,分别得到
$$2a-b=3, a+b=2$$
解此方程组,求出 $3a=5, a=\dfrac{5}{3}$,所以

$$\frac{5}{3}+b=2, b=\frac{1}{3}$$

因此 $a-b=\frac{4}{3}$. 如选项(A)所述.

答案:(A).

11. 如果记 $AB$ 边的长为 $x$, 那么邻边 $BC$ 的长为 $10-x$. 矩形 $ABCD$ 的边 $AB, BC$ 是以 $AC$ 为斜边的 Rt△$ABC$ 的直角边. 根据毕达哥拉斯定理

$$AC^2 = AB^2 + BC^2 = x^2 + (10-x)^2$$
$$= 2(x^2 - 10x + 50) = 2\left[(x-5)^2 + 25\right]$$

当 $(x-5)^2 = 0$, 即 $x = AB = 5$ 以及 $10 - x = BC = 5$ 时, $AC$ 取得最小值 50. 因此, 周长等于 20 且对角线最小的矩形是一正方形, 其对角线 $AC$ 的长为 $\sqrt{50} = 5\sqrt{2}$ (cm).

注: 分别用正数 $a, b$ 及 $c$ 记 $AB, BC$ 及 $CA$ 的长. 则矩形的周长 $p = 2(a+b)$, 而减少 $c$ 等价于减少

$$c^2 = a^2 + b^2 = (a+b)^2 - 2ab = \frac{p^2}{4} - 4ab$$

如果 $p$ 固定, 当 $ab$ 最大时 $c^2$ 最小. 应用算术 - 几何平均值不等式

$$\frac{p}{4} = \frac{a+b}{2} \geqslant \sqrt{ab}$$

由于此式左边为常数, 只有 $a=b$ 时, $\sqrt{ab}$ 最大, 因而 $ab$ 也最大, 这表明周长固定的矩形中, 正方形的对角线最短.

答案:(B).

12. 如图中的图形是一梯形, 沿 $x=1$ 的底长 $m+4$, 沿 $x=4$ 的底长 $4m+4$, 而沿 $x$ 轴的高为 3, 所以

$$\frac{1}{2} \cdot 3 \cdot (m+4+4m+4)=7, 5m=\frac{-10}{3}, m=-\frac{2}{3}$$

(图形的凸性排除了直线 $y=mx+4$ 通过 $x$ 轴的区间 $1<x<4$).

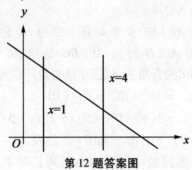

第 12 题答案图

答案:(B).

13. 如图,取 $BC$ 为 $a$,在左端点 $B$ 引一直线 $l$,使其与 $a$ 的夹角为给定的角 $B$. 于是有两种可能性:

(i)从 $C$ 到 $l$ 的距离刚好等于 $h_c$,此时, $\triangle ABC$ 的顶点 $A$ 可以位于直线 $l$ 的任一处(有无限个解);

(ii)从 $C$ 到 $l$ 的距离不等于 $h_c$,此时,没有三角形满足给出的条件(无解).

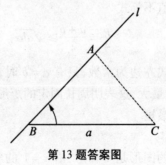

第 13 题答案图

答案:(E).

14. 由于 $f(t) = t(1-t), t \neq 1, y = f(x)$ 等价于 $y = \frac{x}{1-x}$. 解出

$$x = \frac{y}{1+y} = -\frac{-y}{1-(-y)} = -f(-y)$$

答案:(C).

15. 设较小的三角形的面积为 $T$ cm$^2$,则较大者为 $(T+18)$ cm$^2$,并以 3 与 $x$ cm 记对应的边. 由于相似三角形面积的比正比于对应边的平方之比,所以

$$\frac{T+18}{T} = \frac{x^2}{3^2} = \left(\frac{x}{3}\right)^2$$

由假设,$\frac{x}{3}$ 是整数,所以 $x$ 是 3 的倍数,对此方程解出

$$T = \frac{18}{\left(\frac{x}{3}\right)^2 - 1}$$

再者,由于 $T$ 是一整数,所以 $\left(\frac{x}{3}\right)^2 - 1$ 是 18 的一个因子.

这样 $\left(\frac{x}{3}\right)^2 = 2,3,4,7,10$. 这些数中,只有 4 是平方数,所以 $\left(\frac{x}{3}\right)^2 = 4, \frac{x}{3} = 2, x = 6$.

答案:(D).

16. 给出的以 $b$ 为底的等式 $12 \times 15 \times 16 = 3\,146$ 相当于
$$(b+2)(b+5)(b+6) = 3b^3 + b^2 + 4b + 6$$
化简后得到等价的方程
$$b^3 - 6b^2 - 24b - 27 = 0$$
它的唯一的实数解是 $b = 9$,以 $b$ 为底,和 $s = 12 +$

15+16 相当于

$$s = (b+2)+(b+5)+(b+6) = 3b+13$$
$$= 3b+b+4 = 4b+4$$

以 $b=9$ 为底,应写成 $s=44$.

答案:(B).

17. 由于给出的二次方程的根是相异实根,它的判别式 $p^2-32$ 是正的. 因此 $p^2>32, |p|>4\sqrt{2}$. 但是两根之和为 $r_1+r_2 = -p$.

由此 $|r_1+r_2| = |-p| = |p| > 4\sqrt{2}$.

答案:(A).

18. 设 $x^2-5x+6 = F(x)$,分解之得到

$$F(x) = (x-2)(x-3)$$

条件 $F(x)<0$ 蕴含此两个因式异号,于是解出 $2<x<3$. 对于给出的第二个函数 $P(x) = x^2+5x+6$,当 $x$ 从 2 增加到 3 时,$P(x)$ 是增加的. 它的最小值 $P(2) = 4+10+6 = 20$,最大值是 $P(3) = 9+15+6 = 30$. 所以,当 $x$ 从 2 变化到 3 时,$P(x)$ 的值介于 20 与 30 之间.

答案:(B).

19. 分别记矩形的长与宽为 $l$ 与 $w$,则它的面积 $lw$ 满足

$$lw = (l+\frac{5}{2})(w-\frac{2}{3}) \text{ 及 } lw = (l-\frac{5}{2})(w+\frac{4}{3})$$

将每个方程的右边展开化简后得到线性方程组

$$-\frac{2}{3}l + \frac{5}{2}w = \frac{10}{6}, \frac{4}{3}l - \frac{5}{2}w = \frac{20}{6}$$

其唯一解是 $l = \frac{15}{2}, w = \frac{8}{3}$,所以 $lw = 20$.

答案:(E).

## 第3章 1967年试题

20. 第 $k$ 个正方形的边长 $s_k$ 是前一正方形的 $\dfrac{1}{\sqrt{2}}$ 倍

$$s_k = \frac{1}{\sqrt{2}} s_{k-1}, s_1 = m (如图)$$

第 $k$ 个圆的半径 $r_k$ 是其外切正方形的边长的 $\dfrac{1}{2}$ 倍

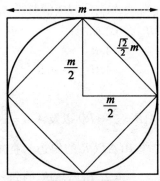

第20题答案图

$$r_1 = \frac{1}{2}s_1 = \frac{1}{2}m, r_2 = \frac{1}{2}s_2 = \frac{1}{2} \cdot \frac{1}{\sqrt{2}}m$$

$$r_k = \frac{1}{2}s_k = \frac{m}{2}\left(\frac{1}{\sqrt{2}}\right)^{k-1}$$

第 $k$ 个圆的面积是 $A_k = \pi \left(\dfrac{m}{2}\right)^2 \left(\dfrac{1}{2}\right)^{k-1}$. 所求的和是

$$S_n = A_1 + A_2 + \cdots + A_n$$

$$= \left(\frac{m}{2}\right)^2 \pi + \frac{1}{2}\left(\frac{m}{2}\right)^2 \pi + \frac{1}{4}\left(\frac{m}{2}\right)^2 \pi + \cdots + \frac{1}{2^{n-1}}\left(\frac{m}{2}\right)^2 \pi$$

$$= \frac{m^2 \pi}{4}\left(1 + \frac{1}{2} + \cdots + \frac{1}{2^{n-1}}\right)$$

$$= \frac{m^2 \pi}{2} \cdot 2\left[1 - \left(\frac{1}{2}\right)^n\right]$$

当 $n$ 无限增大时,$(\frac{1}{2})^n$ 趋于零,故所求的和是 $\frac{m^2\pi}{2}$.

答案:(A).

21. 设边长为 3,4,5 的 Rt△ABC 的直角边 $BC=4$,它被角 A 的平分线 $AA_1$,所截成的两段 $A_1B$ 与 $A_1C$ 正比于邻边 AB 与 AC(如图)

$$\frac{A_1B}{A_1C} = \frac{A_1B}{4-A_1B} = \frac{5}{3}$$

因此

$$A_1B = \frac{5}{2} = PQ \text{ 以及 } A_1C = \frac{3}{2} = PR$$

各为第二个 Rt△PQR 的斜边与直角边,它的第三边是 $RQ = \frac{4}{2} = 2$. Rt△PQR 的每一边是第一个 △ABC 的对应边的一半,同样,角分线

$$PP_1 = \frac{1}{2}AA_1 = \frac{1}{2}\sqrt{AC^2 + CA_1^2} = \frac{1}{2}\sqrt{3^2 + \left(\frac{3}{2}\right)^2}$$

$$= \frac{3\sqrt{5}}{4}$$

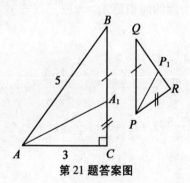

第 21 题答案图

答案:(B).

22. 题设 $P = QD + R$ 与 $Q = Q'D' + R'$,将后一式代入前一式

$$P = (Q'D' + R')D + R = Q'(DD') + (R + R'D)$$

在这个以 $DD'$ 为除数的除式中,要说明 $R + R'D$ 是余数,必须证明 $R + RD'$ 小于除数 $DD'$. 由于 $R \leqslant D - 1$ 以及 $R' \leqslant D' - 1$,所以

$$R + R'D \leqslant (D-1) + (D'-1)D = DD' - 1 < DD'$$

答案:(A).

23. 对于实数 $x > 1, 6x - 5$ 与 $2x + 1$ 是正数,所以,它们都有对数. 于是

$$\log_3(6x-5) - \log_3(2x+1) = \log_3 \frac{6x-5}{2x+1}$$

$$= \log_3 \frac{6x+3-8}{2x+1}$$

$$= \log_3(3 - \frac{8}{2x+1})$$

当 $x$ 无限增大时,由于 $\frac{8}{2x+1}$ 趋于 0,所以上式趋于 $\log_3 3 = 1$.

答案:(B).

24. 题设方程等价于 $y = \frac{3(167-x)}{5}$,因为 $y$ 是一正整数,$167 - x$ 一定是 5 的正倍数,所以下面的 33 个整数 $x = 5k + 2, k = 0, 1, 2, \cdots, 32$ 符合题目的要求.

答案:(A).

25. 因为 $p$ 是奇数且 $p > 1, p - 1$ 是一正偶数,所以 $p -$

$1=2n$,即 $\frac{1}{2}(p-1)=n$ 是一正整数,由此

$$(p-1)^{\frac{p-1}{2}}-1$$
$$=(2n)^n-1$$
$$=[(2n)-1][(2n)^{n-1}+(2n)^{n-2}+\cdots+(2n)+1]$$

含有因子

$$2n-1=(p-1)-1=p-2$$

正如选项(A)中所述.

显然其他的都不正确. 例如,对于奇数 $p=5$ 便提供了选项(B),(C),(D)与(E)的反例.

答案:(A).

26. 由给出的数据,有

$$10^3=1\,000<1024=2^{10}$$

以及 $\qquad 2^{13}=8\,192<10\,000<10^4$

取常用对数,便得到

$$3<10\log 2 \text{ 或 } \log 2>\frac{3}{10}$$

以及

$$13\log 2<4 \text{ 或 } \log 2<\frac{4}{13}$$

因此 $\log 2$ 落在区间 $(\frac{3}{10},\frac{4}{13})$ 内. 此区间含于选项(A),(B)中的区间内,所以,结论(C)较(A),(B)为强. 为排除(D)与(E),注意到不等式 $\log 2<\frac{40}{132}$ 等价于 $2^{132}<10^{40}$,而这关系不能从给定的简表判定.

答案:(C).

27. 设蜡烛的长为一单位,$t$ 表示欲达到预期结果所需的钟头数. 第一个钟头, 燃烧较快的蜡烛长度缩短了 $\frac{1}{3}$, 燃烧较慢的则缩短了 $\frac{1}{4}$, 到 $t$ 个钟头, 它们分别缩短了 $\frac{t}{3}$ 与 $\frac{t}{4}$, 余下的长度则分别为 $1-\frac{t}{3}$ 与 $1-\frac{t}{4}$. 于是有 $(1-\frac{t}{4})=2(1-\frac{t}{3})$, $t=2\frac{2}{5}$, 所以, 点燃蜡烛的时候应该是午后 $4-2\frac{2}{5}=1\frac{3}{5}$ 点, 即 1:36P.M.

答案:(C).

28. 分别记 Mem, En 与 Vee 的集为 $M, N$ 与 $V$, 从假设 I, II 仅知道最少有一个 $M$ 的元素不在 $N$ 内, 且 $N$ 与 $V$ 不相交(即无公共元素). 假定集 $M$ 与 $V$ 相等, 那么 (A), (B), (C) 不真确. 现在假定 $M$ 与 $V$ 不相交, 那么 (D) 不真确. 因此, (A), (B), (C), (D) 均不能由给定的假设推演出来.

答案:(E).

29. 记圆的直径为 $d$, 两互相垂直的直线 $AC$ 与 $BD$ 的交点为 $P$(如图). 由于切线 $AD$ 与 $BC$ 平行, $\angle ADB = \angle PBC = \alpha$, 这两角的余角 $\angle ABD$ 与 $\angle BCA$ 亦相等, 所以 Rt$\triangle ABD$ 与 Rt$\triangle BCA$ 相似. 由对应边成比例推得 $\frac{d}{a}=\frac{b}{d}$, 由此 $d^2=ab, d=\sqrt{ab}$.

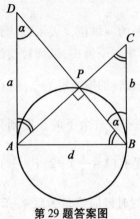

第29题答案图

答案:(C).

30. 商人用 $d$ 元买入 $n$ 部收音机,所以每部的成本是 $\dfrac{d}{n}$ 元. 这 $n$ 部机中,$n-2$ 部以 $\dfrac{d}{n}+8$ 元卖出,另外 2 部以 $\dfrac{d}{2n}$ 元卖出,所以总收入为

$$(n-2)\left(\dfrac{d}{n}+8\right)+2\cdot\dfrac{d}{2n}=d+72$$

此方程可化为

$$n^2-11n=n(n-11)=\dfrac{d}{8}$$

式中 $d,n$ 是正整数.

对于 $n\leqslant 11$,我们得到非正数 $d$.

对于 $n=12$,我们得到 $12\times 1=\dfrac{d}{8}$,$d=96$. 类似地,每个大于 11 的整数都得到一个正整数 $d$. 因此,12 是 $n$ 的最小可能值.

注意:事实上,我们不必假设 $d$ 是整数,这可以由下

述关系得到
$$d = 8(n^2 - 11n)$$
答案:(D).

31. 因为 $a$ 与 $b$ 是相邻的整数,其中一个为偶数,另一个为奇数,因此它们之积是偶数. 设 $b = a+1$,于是 $c = ab = a(a+1) = a^2 + a$ 是一偶数,并且
$$D = a^2 + b^2 + c^2 = a^2 + (a+1)^2 + a^2(a+1)^2$$
$$= a^4 + 2a^3 + 3a^2 + 2a + 1 = (a^2 + a + 1)^2$$
所以 $D$ 是一正奇数 $a^2 + a + 1 = c + 1$ 的平方. 由此推断 $\sqrt{D} = a^2 + a + 1$ 总是正的奇数.

答案:(C).

32. 设 $F$ 表示从 $A$ 到对角线 $DB$ 的延长线上所引的垂足(如图). 并分别表 $BF, FA$ 为 $x, y$,则 $x^2 + y^2 = 6^2$ 以及 $(x+4)^2 + y^2 = 8^2$. 从第二个方程减去第一个,得到
$$8x + 16 = 28, x = \frac{3}{2}$$
将 $x = \frac{3}{2}$ 代入第一个方程并解出 $y^2$
$$\left(\frac{3}{2}\right)^2 + y^2 = 6^2$$
$$y^2 = \frac{135}{4}$$
因此
$$AD^2 = (10+x)^2 + y^2 = \left(\frac{23}{2}\right)^2 + \frac{135}{4} = \frac{664}{4} = 166$$
$$AD = \sqrt{166}$$

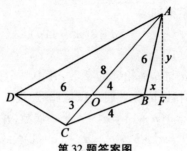

第 32 题答案图

答案:(E).

33. 以 $A_1, A_2, A_3$ 分别表示直径为 $AB = d_1, AC = d_2$ 与 $CB = d_3$ 的半圆的面积. 设 $S$ 为阴影区域的面积, $G$ 为半径 $CD = r$ 的圆的面积, 即 $G = \pi r^2$. 于是

$$S = A_1 - A_2 - A_3 = \frac{\pi}{8}d_1^2 - \frac{\pi}{8}d_2^2 - \frac{\pi}{8}d_3^2$$

$$= \frac{\pi}{8}(d_1^2 - d_2^2 - d_3^2)$$

$$= \frac{\pi}{8}[(d_2 + d_3)^2 - d_2^2 - d_3^2] \text{ (由于 } d_2 + d_3 = d_1)$$

$$= \frac{\pi}{4}d_2 d_3$$

$CD = r$ 是 Rt$\triangle ADB$ 的高, 因此, 它是 $d_2, d_3$ 的比例中项: $r^2 = d_2 d_3$. 由此得

$$G = \pi r^2 = \pi d_2 d_3 = 4S$$

以及

$$\frac{S}{G} = \frac{1}{4}$$

注:由于此题并无指定点 $C$ 在 $AB$ 上的准确位置,因此不妨假定欲求的比值与点 $C$ 的位置无关. 这里可简化为假定点 $C$ 与圆心 $O$ 重合,此时 $CD = $

$OA = \dfrac{d}{2}$,且

$$S = \dfrac{\pi}{2}(\dfrac{d_1}{2})^2 - \dfrac{\pi}{2}(\dfrac{d_1}{4})^2 - \dfrac{\pi}{2}(\dfrac{d_1}{4})^2 = \dfrac{\pi}{16}d_1^2$$

$$G = \dfrac{\pi d_1^2}{4} = 4S,\text{由此}\dfrac{S}{G} = \dfrac{1}{4}$$

答案:(D).

34. 设 $a,b,c$ 表示顶点 $A,B,C$ 的对边之长,而从 $A,B,C$ 所引的 $\triangle ABC$ 的高则记为 $h_a,h_b,h_c$(如图). 设 $K,K_O,K_A,K_B,K_C$ 分别表示 $\triangle ABC$, $\triangle DEF$, $\triangle ADF$, $\triangle BED$, $\triangle CFE$ 的面积. 后 3 个三角形的底边是 $\dfrac{c}{n+1}, \dfrac{a}{n+1}, \dfrac{b}{n+1}$;它们的高 $l_c, l_a, l_b$ 分别平行于 $h_c, h_a, h_b$,且

$$\dfrac{l_a}{h_a} = \dfrac{l_b}{h_b} = \dfrac{l_c}{h_c} = \dfrac{n}{n+1}$$

于是

$$K_O = K - K_C - K_A - K_B$$
$$= K - \dfrac{h_c}{2}\dfrac{c}{n+1}\dfrac{n}{n+1} - \dfrac{h_a}{2}\dfrac{a}{n+1}\dfrac{n}{n+1} - \dfrac{h_b}{2}\dfrac{b}{n+1}\dfrac{n}{n+1}$$
$$= K - \dfrac{n}{(n+1)^2}(\dfrac{1}{2}ch_c + \dfrac{1}{2}ah_a + \dfrac{1}{2}bh_b)$$
$$= K - \dfrac{n}{(n+1)^2}3K = K\dfrac{(n+1)^2 - 3n}{(n+1)^2}$$
$$= K\dfrac{n^2 - n + 1}{(n+1)^2}$$

所以

$$\dfrac{K_O}{K} = \dfrac{n^2 - n + 1}{(n+1)^2}$$

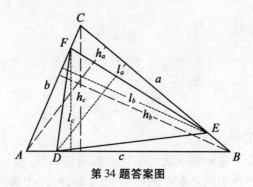

第34题答案图

注:也可以从下面的明显事实猜出答案,那就是,当 $n$ 无限增大时,欲求其比趋近于1,而在五项选择中,只有(A)具有这个性质.

答案:(A).

35. 将原方程两边除以64,得到下面的等价方程

$$x^3 - \frac{9}{4}x^2 + \frac{23}{16}x - \frac{15}{64} = 0$$

由于三个根组成算术级数,我们可以将它们表成 $a-d, a, a+d$;此外,由于三根之和的负值等于 $x^2$ 项的系数,三根之积的负值等于常数项,所以

$$3a = \frac{9}{4}, a = \frac{3}{4}$$

$$a(a^2 - d^2) = \frac{15}{64} = \frac{3}{4}\left(\frac{9}{16} - d^2\right), d^2 = \frac{1}{4}, d = \pm\frac{1}{2}$$

因而,最大根与最小根之差等于

$$(a + |d|) - (a - |d|) = 2|d| = 2 \times \frac{1}{2} = 1$$

答案:(B).

36. 记中项为 $a$,比为 $r$,则五项和等于

$$211 = \frac{a}{r^2} + \frac{a}{r} + a + ar + ar^2$$

式中,每项都是整数. $r$ 一定是有理数,并可表成 $r=\dfrac{c}{d}$(这里,$c,d$ 为整数且无公因子),否则 $ar$ 就不会是整数. 由此得到

$$\dfrac{ad^2}{c^2}+\dfrac{ad}{c}+a+\dfrac{ac}{d}+\dfrac{ac^2}{d^2}=211$$

式中每一项都是整数,所以 $c^2,d^2$ 都可以整除 $a$:
$a=kc^2d^2$,$k$ 为整数.
从而上面方程的左边可被 $k$ 整除,但 211 是素数,所以 $k=1$,方程化为

$$d^4+d^3c+d^2c^2+dc^3+c^4=211$$

由于 $4^4=256>211$,所以 $c,d$ 都小于 4.
$c,d$ 都不会是 1. 因为,假使其中有一个为 1,另一个就会满足

$$x^4+x^3+x^2+x+1=\dfrac{x^5-1}{x-1}=211$$

所以,如果 $x=2$,左边是 $31\ne 211$,如果 $x=3$,左边是 $121\ne 211$.
由于 $c,d$ 无公因子,只有可能是其中一个为 2,另一个为 3

$$2^4+3\times 2^3+3^2\times 2^2+3^3\times 2+3^4=211$$

从而导出 $a=36$,而 $r$ 的值是 $\dfrac{3}{2}$ 或 $\dfrac{2}{3}$(这两种情况都确定同样的五项,只是其次序颠倒而已). 上式中的第一、三、五项都是完全平方,它们的和是

$$4^2+6^2+9^2=16+36+81=133$$

答案:(C).

37. 设 $G,M$ 分别表示三条中线的交点(即 $\triangle ABC$ 的重心)以及边 $AC$ 的中点,过点 $M$ 引一直线垂直于 $RS$

并交于 $J$，而 $BK, GL$ 平行 $RS$，并分别交 $MJ$ 于 $K, L$（如图）．

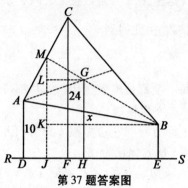

第37题答案图

于是
$$MJ = \frac{1}{2}(AD + CF) = \frac{1}{2}(10 + 24) = 17$$

因此
$$MK = MJ - KJ = MJ - BE = 17 - 6 = 11$$

由于 $MG = \frac{1}{3}MB$，$LG$ 平行于 $\triangle MKB$ 的底 $KB$，所以，$LG$ 以同样比例截三角形的另一边 $MK$，即 $ML = \frac{1}{3}MK$．

因此
$$x = GH = LJ = MJ - ML = MJ - \frac{1}{3}MK$$
$$= 17 - \frac{1}{3} \times 11 = \frac{40}{3}$$

答案：(A)．

38. 为方便说明起见，以数码 $1, 2, 3, 4$ 表示那四个不同的 pib（公设 $P_4$）；这些都是 maa 的集合（公设 $P_1$）．

同时包含在 pib i 与 pib j 中的唯一公共的 maa 则用 ij 或 ji 表示(公设 $P_2$). 因为任何一个 maa 都可这样表示(公设 $P_3$),全部 maa 的集合 $\{12,13,14,23,24,34\}$ 刚好含有

$$\binom{4}{2}=\frac{4\times 3}{1\times 2}=6(个)元素(T_1)$$

pib i 中仅有的三个 maa 是 $ij(j\neq i)(T_2)$. 而刚好有一个 maa 既不在 pib i 也不在 pib j,因而不会与 ij 落在同一个 pib 内$(T_3)$. 如上所述,我们断定须由四条公设才能推演出这些定理 $T_1,T_2,T_3$.

注:如图无三线共点的四条共面但互不平行的直线的六个交点(maas)提供了一个满足公设 $P_1,P_2,P_3,P_4$ 的模型(有限几何),其中,四个 pib 就是那四个含有三个共线点的集. 在这样的有限几何中,两线(pib)必交于唯一的点(maa),但两点(maa)并不一定确定此系统中的一条直线(pib).

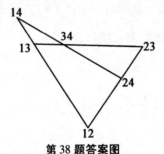

第 38 题答案图

答案:(E).

39. 第 $n$ 个集包含 $n$ 个相邻整数,它的最后一个整数等于前 $n$ 个集的所有元素总数. 即在 $S_n$ 中的最后一个整数为

$$1+2+3+\cdots+n=\frac{n(n+1)}{2}$$

$S_n$ 的总和可以想象成以其最后的数开始而依次少 1 的 $n$ 个相邻的整数之和,因此

$$S_n = \frac{1}{2}n(n+1) + \frac{1}{2}n(n+1) - 1 + \frac{1}{2}n(n+1) -$$

$$2 + \cdots + \frac{1}{2}n(n+1) - (n-1)$$

$$= \frac{1}{2}n^2(n+1) - (1+2+\cdots+n-1)$$

$$= \frac{1}{2}n^2(n+1) - \frac{1}{2}n(n-1)$$

$$= \frac{1}{2}n(n^2+1)$$

当 $n=21$ 时,得到 $S_{21} = \frac{1}{2} \times 21 \times (21^2+1) = 4\,641$.

注:$S_n$ 是一首项 $t_1 = \frac{1}{2}n(n+1)$,公差是 $d=-1$ 的算术级数的前 $n$ 项和,所以

$$S_n = \frac{1}{2}n[2t_1 + (n-1)d]$$

$$= \frac{1}{2}n[n(n+1) + (n-1)(-1)]$$

$$= \frac{1}{2}n(n^2+1)$$

结果与前一致.

答案:(B).

40. 如图,设等边 $\triangle ABC$ 的顶点在一直角坐标系的原点,过顶点 $C$ 的高与 $x$ 轴正向重合. 以 $s$ 表示

△ABC 的边长,则点 A,B 的坐标分别是 $(\frac{\sqrt{3}}{2}s, \frac{1}{2}s)$, $(\frac{\sqrt{3}}{2}s, -\frac{1}{2}s)$. 从点 $P(x,y)$ 到 $C,B$ 及 $A$ 的距离的平方分别表为

$$x^2 + y^2 = 10^2, (x - \frac{\sqrt{3}}{2}s)^2 + (y + \frac{1}{2}s)^2 = 8^2$$

以及

$$(x - \frac{\sqrt{3}}{2}s)^2 + (y - \frac{1}{2}s)^2 = 6^2$$

从第二个方程减去第三个方程,得到

$$2sy = 28 \text{ 或 } sy = 14$$

用 $sy$ 的值代入第二个方程,并利用 $x^2 + y^2 = 10^2$,得到

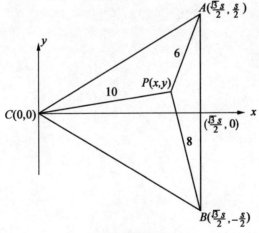

第 40 题答案图

$$10^2 - \sqrt{3}sx + s^2 + 14 = 64, s^2 + 50 = \sqrt{3}sx, sx = \frac{s^2 + 50}{\sqrt{3}}$$

由于

$$(sx)^2 + (sy)^2 = (x^2+y^2)s^2$$

将 $sx, sy$ 的表示式代入此式,得到

$$\frac{(s^2+50)^2}{3} + 14^2 = 10^2 s^2$$

于是化为 $s^2$ 的二次方程

$$s^4 - 200s^2 + 3\,088 = 0$$

其根是 $s^2 = 100 \pm 48\sqrt{3}$. 因为 $s^2 > 100$,舍弃较小的根,欲求的面积是

$$A = \frac{\sqrt{3}}{4} s^2 = 25\sqrt{3} + 36 \approx 79$$

所以,选择(D).

答案:(D).

# 1968 年试题

## 第4章

### 1 第一部分

1. 因直径增加 $\pi$ 个单位而引起圆周增加 $P$ 个单位,则 $P$ 等于( ).

   (A) $\dfrac{1}{\pi}$  (B) $\pi$  (C) $\dfrac{\pi^2}{2}$

   (D) $\pi^2$  (E) $2\pi$

2. 一实数 $x$ 使得 $64^{x-1}$ 除以 $4^{x-1}$ 时等于 $256^{2x}$,则 $x$ 等于( ).

   (A) $-\dfrac{2}{3}$  (B) $-\dfrac{1}{3}$  (C) $0$

   (D) $\dfrac{1}{4}$  (E) $\dfrac{3}{8}$

3. 一通过点 $(0,4)$ 的直线垂直于直线 $x-3y-7=0$,则其方程为( ).

   (A) $y+3x-4=0$
   (B) $y+3x+4=0$
   (C) $y-3x-4=0$
   (D) $3y+x-12=0$
   (E) $3y-x-12=0$

93

4. 对于正实数,运算 * 定义为 $a*b=\dfrac{ab}{a+b}$,则 $4*(4*4)$ 等于( ).

(A) $\dfrac{3}{4}$  (B) 1  (C) $\dfrac{4}{3}$

(D) 2  (E) $\dfrac{16}{3}$

5. 如果 $f(n)=\dfrac{1}{3}n(n+1)(n+2)$,则 $f(r)-f(r-1)$ 等于( ).

(A) $r(r+1)$  (B) $(r+1)(r+2)$  (C) $\dfrac{1}{3}r(r+1)$

(D) $\dfrac{1}{3}(r+1)(r+2)$  (E) $\dfrac{1}{3}r(r+1)(2r+1)$

6. 将凸四边形 ABCD 的边 AD,BC 各经 D,C 延长,交于点 E. 设 S 表示 ∠CDE 与 ∠DCE 之和,S' 则表示 ∠BAD 与 ∠ABC 之和,如果 $r=\dfrac{S}{S'}$,则( ).

(A) 或者 $r=1$,或者 $r>1$
(B) 或者 $r=1$,或者 $r<1$
(C) $0<r<1$  (D) $r>1$  (E) $r=1$

7. 设 O 为 △ABC 的中线 AP 与 CQ 的交点. 如果 OQ 等于 3 cm,则 OP(按 cm 计算)等于( ).

(A) 3  (B) $\dfrac{9}{2}$  (C) 6

(D) 9  (E) 不确定

8. 将一正数乘以 6 时,错除以 6,将所产生的误差与正确答案相比所得的最接近的百分数是( ).
(A) 100  (B) 97  (C) 83
(D) 17  (E) 3

9. 满足方程 |x+2|=2|x-2| 的实数解 x 的和是( ).

(A) $\frac{1}{3}$ (B) $\frac{2}{3}$ (C) 6

(D) $6\frac{1}{3}$ (E) $6\frac{2}{3}$

10. 在某学校中,假定:
   Ⅰ:某些学生是不诚实的;
   Ⅱ:所有的社团成员都是诚实的.
   由此导出的必然结论是( ).
   (A)某些学生是社团成员
   (B)某些社团成员不是学生
   (C)某些学生不是社团成员
   (D)没有一个社团成员是学生
   (E)没有一个学生是社团成员

## 2 第二部分

11. 如果圆Ⅰ上的60°弧与圆Ⅱ上的45°弧等长,则圆Ⅰ与圆Ⅱ的面积比是( ).
    (A)16:9 (B)9:16 (C)4:3
    (D)3:4 (E)这些都不是

12. 一圆通过边长为 $7\frac{1}{2}$, 10, $12\frac{1}{2}$ 的三角形的三顶点,则此圆的半径是( ).
    (A) $\frac{15}{4}$ (B) 5 (C) $\frac{25}{4}$

(D) $\dfrac{35}{4}$    (E) $\dfrac{15\sqrt{2}}{2}$

13. 如果 $m,n$ 是方程 $x^2+mx+n=0$ 的根，$m\neq 0, n\neq 0$，则此两根之和是(    ).

    (A) $-\dfrac{1}{2}$    (B) $-1$    (C) $\dfrac{1}{2}$

    (D) $1$    (E) 不确定

14. 如果 $x,y$ 是满足 $x=1+\dfrac{1}{y}$ 与 $y=1+\dfrac{1}{x}$ 的不为零的实数，则 $y$ 等于(    ).

    (A) $x-1$    (B) $1-x$    (C) $1+x$

    (D) $-x$    (E) $x$

15. 设 $P$ 是任意三个相邻正奇数的乘积，则能整除所有这样的 $P$ 的最大整数是(    ).

    (A) 15    (B) 6    (C) 5

    (D) 3    (E) 1

16. 如果 $x$ 满足 $\dfrac{1}{x}<2$ 与 $\dfrac{1}{x}>-3$，则(    ).

    (A) $-\dfrac{1}{3}<x<\dfrac{1}{2}$

    (B) $-\dfrac{1}{2}<x<3$

    (C) $x>\dfrac{1}{2}$

    (D) $x>\dfrac{1}{2}$ 或 $-\dfrac{1}{3}<x<0$

    (E) $x>\dfrac{1}{2}$ 或 $x<-\dfrac{1}{3}$

17. 设 $f(n)=\dfrac{x_1+x_2+\cdots+x_n}{n}$，式中 $n$ 是一正整数. 如

果 $x_k=(-1)^k, k=1,2,\cdots,n$,则 $f(n)$ 的可能值集为( ).

(A) $\{0\}$    (B) $\{\frac{1}{n}\}$    (C) $\{0,-\frac{1}{n}\}$

(D) $\{0,\frac{1}{n}\}$    (E) $\{1,\frac{1}{n}\}$

18. △$ABC$ 的边 $AB$ 长为 8 cm,直线 $DEF$ 平行于 $AB$,交 $AC$ 于 $D$,交 $BC$ 于 $E$.此外, $AE$ 的延长线平分 ∠$FEC$.若 $DE$ 长为 5 cm,则 $CE$ 的长(按 cm 计算)为( ).

(A) $\frac{51}{4}$    (B) 13    (C) $\frac{53}{4}$

(D) $\frac{40}{3}$    (E) $\frac{27}{2}$

19. 将 10 元纸币兑换成一角硬币与二角五分硬币,则兑换有两种硬币的不同方法总数 $n$ 为( ).

(A) 40    (B) 38    (C) 21

(D) 20    (E) 19

20. 一 $n$ 边凸多边形的 $n$ 个内角成算术级数.如果公差是 5°,最大角为 160°,则 $n$ 等于( ).

(A) 9    (B) 10    (C) 12

(D) 16    (E) 32

## 3 第三部分

21. 设 $S=1!+2!+3!+\cdots+99!$,则 $S$ 的个位数是( ).

(A) 9    (B) 8    (C) 5

(D)3 　　　　(E)0

22. 长度为1的线段分成四段,则当且仅当每一线段满足下面条件时,才存在以此四条线段为边的四边形( ).

(A)等于 $\dfrac{1}{4}$

(B)等于或大于 $\dfrac{1}{8}$ 并且小于 $\dfrac{1}{2}$

(C)大于 $\dfrac{1}{8}$ 或小于 $\dfrac{1}{2}$

(D)大于 $\dfrac{1}{8}$ 或小于 $\dfrac{1}{4}$

(E)小于 $\dfrac{1}{2}$

23. 如果所有对数是实数,则对于满足下面条件的 $x$,等式
$$\log(x+3)+\log(x-1)=\log(x^2-2x-3)$$
成立( ).

(A)所有实数 $x$

(B)没有实数 $x$

(C)除 $x=0$ 外的所有实数 $x$

(D)只有 $x=0$

(E)除 $x=1$ 外的所有实数 $x$

24. 一幅 $18''\times 24''$ 的画安放于一纵边较长的木制框架内. 框顶与框底的木头宽为框边木头的两倍. 如果框架面积等于画的面积,则此画框的较短与较长边的尺寸之比为( ).

(A)1:3 　　(B)1:2 　　(C)2:3

(D)3:4 　　(E)1:1

25. 甲的跑速是一常数,乙的跑速是甲的 $x$ 倍,乙让甲在前 $y$ m 处,两人沿同一方向同时起跑,则乙追到甲所需跑的米数为( ).

 (A)$xy$ (B)$\dfrac{y}{x+y}$ (C)$\dfrac{xy}{x-1}$

 (D)$\dfrac{x+y}{x+1}$ (E)$\dfrac{x+y}{x-1}$

26. 设 $S = 2 + 4 + 6 + \cdots + 2N$,式中 $N$ 是使得 $S > 1\,000\,000$ 的最小正整数,则 $N$ 的数字之和为( ).

 (A)27 (B)12 (C)6
 (D)2 (E)1

27. 设 $S_n = 1 - 2 + 3 - 4 + \cdots + (-1)^{n-1}n, n = 1, 2, \cdots$,则 $S_{17} + S_{33} + S_{50}$ 等于( ).

 (A)0 (B)1 (C)6
 (D)$-1$ (E)2

28. 如果 $a, b$ 的算术平均值等于它的几何平均值的两倍,这里 $a > b > 0$,则与 $\dfrac{a}{b}$ 最接近的整数是( ).

 (A)5 (B)8 (C)11
 (D)14 (E)上述各数都不是

29. 给出三个数 $x, y = x^x, z = x^{(x^x)}$,此处 $0.9 < x < 1.0$,将它们按增加的次序的排列是( ).

 (A)$x < z < y$ (B)$x < y < z$ (C)$y < x < z$
 (D)$y < z < x$ (E)$z < x < y$

30. 在同一平面上画两个边长数各为 $n_1, n_2$ 的凸多边形 $P_1, P_2, n_1 \leqslant n_2$. 如果 $P_1, P_2$ 无任何线段重合,则 $P_1, P_2$ 的交点数的最大值是( ).

 (A)$2n_1$ (B)$2n_2$ (C)$n_1 n_2$

(D)$n_1 + n_2$　　(E)上述各数都不是

## 4　第四部分

31. 如图,图形Ⅰ与Ⅲ是等边三角形,它们的面积分别为 $32\sqrt{3}$ cm² 与 $8\sqrt{3}$ cm². 图形Ⅱ是一面积为 32 cm²的正方形. 设线段 $AD$ 的长增加了 12.5%,但 $AB,CD$ 的长仍保持不变,则此正方形面积增加的百分数是(　　).

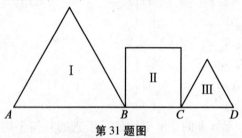

第31题图

(A)$12\frac{1}{2}$　　(B)25　　(C)50

(D)75　　(E)$87\frac{1}{2}$

32. 两直线垂直交于点 $O$,$A$,$B$ 各沿这两条直线作匀速直线运动. 当 $A$ 在点 $O$ 时,$B$ 距点 $O$ 500 m. 2 min 后它们与点 $O$ 等距,再过 8 min,它们与点 $O$ 仍然等距,则 $A$ 的速度与 $B$ 的速度比为(　　).

(A)4:5　　(B)5:6　　(C)2:3

(D)5:8　　(E)1:2

33. 将一数 $N$ 用7进位数表示时是一三位数,当 $N$ 用9进位数表示时,其三位数的数码刚好颠倒过来,则

$N$ 的中间数码是( ).

(A)0　　(B)1　　(C)3
(D)4　　(E)5

34. 400 个议员在众议院阻止了一项议案的通过. 再表决时,议员的数目一样,结果通过了议案. 后一次赞成票数与反对票数的差,正好等于第一次表决时,反对票数与赞成票数的差的 2 倍,并且,再表决时的赞成票数为第一次反对票数的 $\frac{12}{11}$ 倍. 问第二次的赞成票数比第一次的赞成票数多多少( ).

(A)75　　(B)60　　(C)50
(D)45　　(E)20

35. 如图,圆心为 $O$,半径等于 $a$ cm,弦 $EF$ 平行于弦 $CD$,$O,G,H,J$ 在一直线上,$G$ 是 $CD$ 中点. 设梯形 $CDFE$ 的面积为 $K$ cm$^2$,矩形 $ELMF$ 的面积是 $R$ cm. 现在向上移动 $EF,CD$,移动时,保持着 $JH=HG$,则当 $OG$ 趋近于 $a$ 时,比值 $K:R$ 可任意接近( ).

(A)0　　(B)1　　(C)$\sqrt{2}$

(D)$\frac{1}{\sqrt{2}}+\frac{1}{2}$　　(E)$\frac{1}{\sqrt{2}}+1$

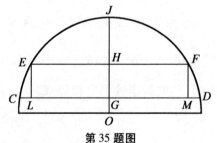

第 35 题图

## 5 答　案

1. (D)　2. (B)　3. (A)　4. (C)　5. (A)　6. (E)
7. (E)　8. (B)　9. (E)　10. (C)　11. (B)
12. (C)　13. (B)　14. (E)　15. (D)　16. (E)
17. (C)　18. (D)　19. (E)　20. (A)　21. (D)
22. (E)　23. (B)　24. (C)　25. (C)　26. (E)
27. (B)　28. (D)　29. (A)　30. (A)　31. (D)
32. (C)　33. (A)　34. (B)　35. (D)

## 6　1968年试题解答

1. 设 $c,d$ 分别表示原来的圆周与直径的长，因此 $c = \pi d$. 在直径增长以后
$$c + P = \pi(d + \pi) = \pi d + \pi^2 = c + \pi^2$$
所以 $P = \pi^2$.
答案：(D).

2. 将题中的两数表成底为 16 的乘幂 $\dfrac{64^{x-1}}{4^{x-1}} =$ $\left(\dfrac{64}{4}\right)^{x-1} = 16^{x-1}, 256^{2x} = (16^2)^{2x} = 16^{4x}$，由于这两数是相等的，它们的指数一定相等，即 $4x = x - 1$，所以 $x = -\dfrac{1}{3}$.
答案：(B).

3. 给定直线的斜率是 $\frac{1}{3}$，它的负倒数就是所求垂线的斜率，即 $-3$. 此线通过点 $(0,4)$ 与 $(x,y)$，斜率是 $\frac{y-4}{x}$，所以，欲求的方程就是

$$\frac{y-4}{x} = -3 \text{ 或 } y + 3x - 4 = 0$$

答案：(A).

4. 由于 $a*b = \frac{ab}{a+b}$，所以 $4*4 = \frac{4\times 4}{4+4} = \frac{16}{8} = 2$，由此

$$4*[4*4] = 4*2 = \frac{4\times 2}{4+2} = \frac{8}{6} = \frac{4}{3}$$

答案：(C).

5. 由定义 $f(n) = \frac{1}{3}n(n+1)(n+2)$，得到

$$f(r) = \frac{1}{3}r(r+1)(r+2) \quad (\text{取 } n = r)$$

$$f(r-1) = \frac{1}{3}(r-1)r(r+1) \quad (\text{取 } n = r-1)$$

从前一式减去后一式，得到

$$f(r) - f(r-1) = \frac{1}{3}r(r+1)[(r+2) - (r-1)]$$

$$= \frac{1}{3}r(r+1)(3) = r(r+1)$$

答案：(A).

6. 由于三角形的内角和等于 $180°$（如图），所以
$$\angle E + \angle CDE + \angle DCE = \angle E + S = 180°$$
$$(\text{在 } \triangle EDC \text{ 中})$$

以及
$$\angle E + \angle BAD + \angle ABC = \angle E + S' = 180°$$

（在△EAB中）

因此 $S = S' = 180° - \angle E$，故 $r = \dfrac{S}{S'} = 1$.

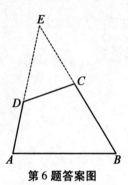

第6题答案图

答案：(E).

7. 为了说明从给出的数据不能确定 OP 的长度，我们将在下面证明可以构造出具任意长度(与方向)的线段 OP. 如图展示出的一些不同的例子.

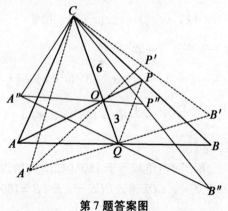

第7题答案图

画线段 QOC，其中，截取 QO = 3 cm，OC = 6 cm，从 O 引一与 CQ 不重合的任意线段 OP. 延长 PO 到点 A，

使得 $OA=2PO$,记 $CP,AQ$ 的延长线的交点为 $B$,则 $AP,CQ$ 就是 $\triangle ABC$ 的中线. 这是因为 $\triangle AOC$ 与 $\triangle POQ$ 相似(对应边的长之比是2∶1),所以 $PQ /\!/ AC$,而 $PQ$ 为 $AC$ 长的一半,从而导出 $AP,CQ$ 是 $\triangle ABC$ 的中线.

答案:(E).

8. 记 $N$ 为正整数,则正确的乘积是 $6N$,而错误的答案是 $\frac{1}{6}N$,两者的误差为 $6N-\frac{1}{6}N=\frac{35}{6}N$,因此,与正确结果相比的误差百分数为

$$100 \cdot \frac{\text{误差}}{\text{正确结果}} = \frac{3\,500}{36} \approx 97$$

答案:(B).

9. 如果 $x \geqslant 2$ 或 $x \leqslant -2$,则 $x+2$ 与 $x-2$ 同时非负或同时非正,所给定的方程化为 $x+2=2(x-2)$ 或 $-(x+2)=-2(x-2)$. 因此,求出 $x=6$. 如果 $-2<x<2$,则 $x+2$ 为正而 $x-2$ 为负,原方程化为 $x+2=-2(x-2)$,解出 $x=\frac{2}{3}$. 所以,欲求的满足给定方程的所有 $x$ 值的总和是 $6+\frac{2}{3}=6\frac{2}{3}$.

答案:(E).

10. 首先断定,陈述(A)与(B)是不真实的,因为(A),(B)要求所有社团成员的集是一非空集,而假设Ⅰ,Ⅱ并不要求这一点,再者,假设Ⅰ,Ⅱ容许所有社团成员的集成为所有学生的集的一个非空子集,而(D)或(E)均不容许这样,因而(D),(E)是不真实的. 最后,由于Ⅰ存在着不诚实的学生,由于Ⅱ他们不能成为社团成员,所以,选项(C)是真实的.

答案:(C).

11. 设 $r_1$ 与 $r_2$ 分别表示圆Ⅰ与Ⅱ的半径,由于两弧等长,我们得到

$$\frac{60}{360} \cdot 2\pi r_1 = \frac{45}{360} \cdot 2\pi r_2,$$ 所以 $\frac{r_1}{r_2} = \frac{3}{4}$

由于任意两圆的面积与它们的半径的平方成正比,所以

$$\frac{\text{面积Ⅰ}}{\text{面积Ⅱ}} = \frac{r_1^2}{r_2^2} = \frac{3^2}{4^2} = \frac{9}{16}$$

答案:(B).

12. 由于 $(7\frac{1}{2})^2 + 10^2 = (12\frac{1}{2})^2$,题设的三角形是一个以给出的圆为外接圆的直角三角形. 因为90°的圆周角所对的弧为半圆,所以长为 $12\frac{1}{2}$ 的斜边就是圆的直径. 因此,所求的半径是此直径的一半:

$$\frac{1}{2} \times 12\frac{1}{2} = \frac{25}{4}.$$

注:一个计算圆半径的公式如下

$$R = \frac{abc}{4K}$$

式中,$a,b,c$ 是其内接三角形的三条边长,而 $K$ 是三角形的面积,$s$ 是三角形的周长的一半

$$K = \sqrt{s(s-a)(s-b)(s-c)}$$

$$s = \frac{1}{2}(a+b+c)$$

假使你不能鉴定给出的长 $(\frac{15}{2}, \frac{20}{2}, \frac{25}{2}) = \frac{5}{2}(3,4,5)$ 是一组毕达哥拉斯数,就不得不使用此公式计

算半径 $R$,以验证本题的结果.

答案:(C).

13. 给出的二次方程之根的和与积分别是 $-m$ 与 $n$,即
$$m + n = -m, mn = n$$
因此 $m = 1, n = -2$ 以及 $m + n = -1$.

答案:(B).

14. 选项(E)可以用代数方法导出,例如,将原方程等价地改写成 $x - 1 = \dfrac{1}{y}, y - 1 = \dfrac{1}{x}$,即 $y(x - 1) = x(y - 1) = 1$,因此,$xy - y = xy - x$,从而 $x = y$.

注:上面,实际没有求出满足原方程的 $x, y$ 值便可确定选项(E).然而,我们也可以容易地求出它们并验证前述的结果.

将第二个方程的 $y$ 代入第一个方程,得到
$$x = 1 + \dfrac{1}{1 + \dfrac{1}{x}} = 1 + \dfrac{x}{x + 1}$$

由此
$$x - 1 = \dfrac{x}{x + 1}, \text{即 } x^2 - x - 1 = 0$$

此二次方程的根为
$$x = \dfrac{1 + \sqrt{5}}{2} \text{ 及 } x = \dfrac{1 - \sqrt{5}}{2}$$

将其代回第二个方程,便求出解
$$(x, y) = (\dfrac{1 + \sqrt{5}}{2}, \dfrac{1 + \sqrt{5}}{2})$$

以及
$$(x, y) = (\dfrac{1 - \sqrt{5}}{2}, \dfrac{1 - \sqrt{5}}{2})$$

在这每一种情形下,都有 $x = y$.

答案:(E).

15. 所求的乘积 $P$ 可以写成
$$P = (2k-1)(2k+1)(2k+3)$$
式中,$k$ 是任意正整数,$k$ 具有下述三种可能性:
(i) 被 3 整除(即 $k = 3m$,$m$ 是整数);
(ii) 被 3 除时余数是 1(即 $k = 3m+1$);
(iii) 被 3 除时余数是 2(即 $k = 3m+2$).

在情形(i),最后的因子被 3 整除. 在情形(ii),第二个因子,$2k+1 = 2(3m+1)+1 = 6m+3$ 被 3 整除. 在情形(iii),第一个因子,$2k-1 = 2(3m+2)-1 = 6m+3$ 被 3 整除,在任何的情况下,$P$ 均可被 3 整除. 为了证明没有较大的整数整除所有如此的 $P$,取 $P_1 = 1 \times 3 \times 5$,$P_2 = 7 \times 9 \times 11$,并且注意到 3 是 $P_1$,$P_2$ 的最大公因数.

答案:(D).

16. 由题设 $-3 < \dfrac{1}{x} < 2$,若 $x > 0$,对右边的不等式取倒数,得 $x > \dfrac{1}{2}$. 若 $x < 0$,左边的不等式乘以 $-x$,得到 $3x < -1$,所以 $x < -\dfrac{1}{3}$.

答案:(E).

17. 因为任意两个相邻的 $x_k$ 之和为
$$x_k + x_{k+1} = (-1)^k + (-1)^{k+1} = (-1)^k(1-1) = 0$$
所以,当 $n$ 是偶数时,$f(n)$ 的分子为零,当 $n$ 是奇数时,则为 $-1$. 因此,$f(2k) = 0$,$f(2k+1) = -\dfrac{1}{2k+1}$.

从而, $f(n)$ 的值集含于 $\{0, -\frac{1}{n}\}$ 内.

答案:(C).

18. 如图,直线 $AG$ 与平行线 $AB, DF$ 相截,故
$$\angle FEG = \angle BAE$$
前者等于 $\angle GEC$,因而,等于其对顶角 $\angle BEA$. 因此, $\angle BAE = \angle BEA$,所以 $\triangle ABE$ 是等腰三角形, $BE = BA = 8$. 由于相似三角形 $\triangle DEC$, $\triangle ABC$ 的对应边成比例

$$\frac{EC}{BC} = \frac{DE}{AB}, \text{即} \frac{EC}{8+EC} = \frac{5}{8}$$

因此
$$8EC = 40 + 5EC$$
$$3EC = 40, EC = \frac{40}{3}$$

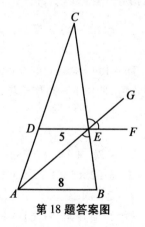

第18题答案图

答案:(D).

19. 设 10 元纸币可兑换的二角五分与一角的硬币个数分别为 $q, d$. 则以分计算 $25q + 10d = 1\,000$,这等价

于 $2d = 5(40-q)$. 由于左边是一正偶数,右边也必须是正偶数,所以 $40-q$ 必须是正偶数. 当 $q$ 是少于 40 的正偶数时便满足这要求,所以,解的数 $n = 19$,即选项(E).

答案:(E).

20. 题设的多边形的 $n$ 个内角和等于(按度数)

$$160 + (160-5) + (160-5\times 2) +$$
$$(160-5\times 3) + \cdots + 160 - 5(n-1)$$
$$= 160n - 5(1+2+\cdots+n-1)$$
$$= 160n - 5\frac{n(n-1)}{2} = \frac{5n}{2}[64-(n-1)]$$
$$= \frac{5n}{2}(65-n)$$

任一凸 $n$ 边多边形内角和的度数等于 $180(n-2)$,令此两式相等并各乘以 $\frac{2}{5}$,得到

$$n(65-n) = 72(n-2)$$

再化为

$$n^2 + 7n - 144 = 0 \text{ 或} (n-9)(n+16) = 0$$

由于 $n$ 是正数,所以 $n=9$,如选项(A)所述.

答案:(A).

21. 我们有

$S = 1! + 2! + 3! + 4! + 5! + \cdots + 99!$
$= 1 + 2 + 2\times 3 + 2\times 3\times 4 + 2\times 3\times 4\times 5 + \cdots + 99!$
$= 1 + 2 + 6 + 24 + 10k$

这是由于从第 5 项开始,$5!, 6!, \cdots, 99!$ 中,均含有因子 2 与 5,所以,皆是 10 的倍数. 前 4 项的个位数之和是

$$1 + 2 + 6 + 4 = 13$$

因此,$S$ 的个位数是 3,如选项(D)所述.

答案:(D).

22. 本题的证明基础是:当且仅当四条线段中的每一段长均小于其他三段之和时,才存在以此条四线段为边的四边形①. 现在记 $S_1, S_2, S_3$ 及 $S_4$ 为此四条线段的长. 如果存在一个四边形,则由上面阐明过的事实

$$S_1 < S_2 + S_3 + S_4$$

由题设

$$S_1 + S_2 + S_3 + S_4 = 1$$

若将式中后三项 $S_1 + S_2 + S_3$ 换以较小的数 $S_1$,得到不等式

$$S_1 + S_1 = 2S_1 < 1, \text{所以 } S_1 < \frac{1}{2}$$

无一例外,以类似的方法应用到其他的三线段中,便导出

$$S_2 < \frac{1}{2}, S_3 < \frac{1}{2} \text{以及 } S_4 < \frac{1}{2}$$

反过来,如果 $S_i < \frac{1}{2}$ $(i = 1,2,3,4)$ 以及 $S_1 + S_2 + S_3 + S_4 = 1$,则 $S_2 + S_3 + S_4 = 1 - S_1 > 1 - \frac{1}{2} = \frac{1}{2} > S_1$,故 $S_1 < S_2 + S_3 + S_4$. 对于其他的线段,相应的不

---

① "仅当"部分是明显的,因为折线的长最少等于其两端点的距离. 另一方面,如果每一线段长均小于其他三段之和时,将四线段标以记号,使有 $S_1 + S_2 \geqslant S_3 + S_4$. 于是,便存在边长为 $S_1, S_2, S_3 + S_4$ 的三角形. 而此三角形可以看成边长为 $S_1, S_2, S_3, S_4$ 的四边形.

等式亦成立,因而选项(E)正确.其他的选项均不合理.例如,邻边为 $\frac{1}{16}, \frac{7}{16}$ 的矩形周长为 1,但不合其他的选项的要求.选项(D)明显地不必考虑,因为不能将长度为 1 的线段分成这样的四条线段.

答案:(E).

23. 题设的等式等价于
$$\log(x+3)(x-1) = \log(x^2 - 2x - 3)$$
因此
$$(x+3)(x-1) = x^2 - 2x - 3$$
$$x^2 + 2x - 3 = x^2 - 2x - 3, x = 0$$

但当 $x=0$ 时,$x-1$ 与 $x^2 - 2x - 3$ 均取负值,因而 $\log(x-1)$ 与 $\log(x^2 - 2x - 3)$ 均无定义.因此,一切实数皆不满足等式,如选项(B)所述.

答案:(B).

24. 如图,设 $x$ 与 $\frac{x}{2}$(按 cm 计)分别表示画框的顶、底以及边的宽.由于其总面积为画的面积的 2 倍,得到

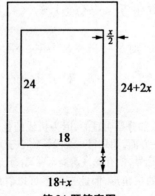

第 24 题答案图

$$(2x+24)(x+18)=2(18)(24)$$

化为

$$2(x^2+30x+216)=2\times(2\times216)$$

或:

有

$$x^2+30x-216=(x+36)(x-6)=0$$

因此,$x=6$($x=-36$ 无意义),所求的比值为

$$\frac{x+18}{2x+24}=\frac{24}{36}=\frac{2}{3}$$

即选项(C).

答案:(C).

25. 设甲与乙的速度分别是 $v$ 与 $vx$(m/s),$t$(取同样的时间单位)表示乙赶上甲所需的时间,则乙所跑的距离(按 m 计)为 $vxt=y+vt$. 因此,$vt=\dfrac{y}{x-1}$,所需的距离为 $vtx=\dfrac{xy}{x-1}$(m).

注:答案的量纲必须是米. 由于 $x$ 是无量纲的,而 $y$ 是按米计算,故只有选项(A),(C)才符合此要求. 只要注意到当 $x$ 趋近 1 时,解一定是趋近无限,便可排除选项(A).

答案:(C).

26. 和

$$S=2+4+6+\cdots+2K=2(1+2+\cdots+K)$$
$$=K(K+1)$$

当 $K=999$,$S=999\,000<1\,000\,000$;

但当 $K=1\,000$,$S=1\,000\times1\,001=1\,001\,000>1\,000\,000$. 因此,$N=1\,000$ 是使得 $S>1\,000\,000$ 的最小整数. $N$ 的数字之和为 1.

答案:(E).

27. 当 $n$ 是偶数,将此 $n$ 项分组成 $\frac{n}{2}$ 对,得到

$$S_n = (1-2)+(3-4)+\cdots+[(n-1)-n]$$
$$= \underbrace{-1-1-\cdots-1}_{\frac{n}{2}\text{项}} = -\frac{n}{2}$$

当 $n$ 是奇数时,将第一项之后的 $n-1$ 项分组成 $\frac{1}{2}(n-1)$ 对,得到

$$S_n = 1+(-2+3)+(-4+5)+\cdots+[-(n-1)+n]$$
$$= 1+[\underbrace{1+1+\cdots+1}_{\frac{(n-1)}{2}\text{项}}] = 1+\frac{1}{2}(n-1)$$
$$= \frac{1}{2}(n+1)$$

因此 $S_{17}+S_{33}+S_{50} = \frac{18}{2}+\frac{34}{2}-\frac{50}{2} = 9+17-25 = 1.$

答案:(B).

28. 题设 $\frac{1}{2}(a+b) = 2\sqrt{ab}$,两边除以 $b$ 乘以 2 后,等价地化为 $\frac{a}{b}+1 = 4\sqrt{\frac{a}{b}}$,进一步化为下面的以 $\sqrt{\frac{a}{b}}$ 为未知数的二次方程

$$(\sqrt{\frac{a}{b}})^2 - 4\sqrt{\frac{a}{b}} + 1 = 0$$

故 $\sqrt{\frac{a}{b}} = \frac{4\pm\sqrt{12}}{2} = 2\pm\sqrt{3}$

按题目要求 $a > b > 0$,蕴含 $\frac{a}{b} > 1$,而 $2-\sqrt{3} < 1$,故

应舍去 $2-\sqrt{3}$. 因此

$$\frac{a}{b} = (2+\sqrt{3})^2 = 7+4\sqrt{3} \approx 7+6.928 \approx 14$$

答案：(D).

29. 对于 $0 < x < 1$，以 $x$ 为底的任意正指数乘幂都小于 $1$[①]. 特别地，$y = x^x < 1$，进一步，因为 $1-x > 0$，所以

$$\frac{x}{y} = \frac{x}{x^x} = x^{1-x} < 1$$

从而有 $x < y$；再由于 $y - x > 0$，所以

$$\frac{z}{y} = \frac{x^y}{x^x} = x^{y-x} < 1$$

从而有 $z < y$. 最后，由于 $1-y > 0$，有

$$\frac{x}{z} = \frac{x}{x^y} = x^{1-y} < 1$$

故 $x < z$，这就推出 $x < z < y$.

答案：(A).

30. 据定义，一凸点集必包含有集中任意两点的连续. 由此，当且仅当一多边形的所有内角都小于 $180°$ 时，才是凸多边形(界定了一个凸集). 由 $P_2$ 的凸性，$P_1$ 的每一边最多与 $P_2$ 交于两点，因此，交点总数最多为 $2n_1$.
下面只要适当地构造 $P_2$，使其通过 $P_1$ 的 $n_1$ 条边上的任意指定的两个内点，便可证明，交点数的最大值总可达到. 首先，将此 $2n_1$ 个点标记好. 其次联结 $P_1$ 中与每一顶点相邻的两个已标记好的点，得一"截线". $P_1$ 的每一条边上的两个已标记好的点，各有一"截线"通过，将它们向 $P_1$ 外延长. 如果它们

---

① 由于 $x < 1$，故 $\log x < 0$，因此，若 $t > 0$，则 $\log x^t = t\log x < 0$，所以，$x^t < 1$.

相交,便取其交点作为 $P_2$ 的一个顶点;如果不相交,可在"截线"的延长线上各取一点作为 $P_2$ 的两个相邻顶点. 联结这两点,得到 $P_2$ 的一条边. 在后一种情形,可以选取这两个相邻顶点,使得这条边平行于在讨论着的 $P_1$ 的那一条边. 每一"截线"向两边延长到 $P_2$ 的两个相邻的顶点,所以,每一"截线"都是 $P_2$ 的一边,且都以 $P_1$ 的两个点为内点. 每一个 $P_1$ 的顶点都对应有一条"截线",故一共有 $n_1$ 条"截线",因此,$P_2$ 与 $P_1$ 刚好交于 $2n_1$ 个点. 因为多边形 $P_2$ 的每一个角都是一个三角形的内角或外角,故总小于 $180°$,因而,$P_2$ 是一凸多边形.

注1:如图,$P_1$ 是 $\triangle ABC$,$P_2$ 是一凸四边形 $RSTU$. 它们的交点数达到最大值 $2n_1 = 6$,这 6 点 $G, H, J, K, M, N$ 落在"截线" $NG, HJ, KM$ 的处长线上. 在这些"截线"的延长线上的 $P_2$ 的顶点分别是 $S, T; T, U; U, R$. 因为过 $M, N$ 的"截线"向 $P_1$ 外延长时不相交. 所以,在延长线 $MR, NS$ 上选取 $R, S$ 为 $P_2$ 的两个相邻顶点,并将 $P_2$ 的边 $RS$ 画成平行于 $P_1$ 的边 $AB$. $\angle R, \angle S$ 分别等于 $\triangle AKM, \triangle BGN$ 的外角, $\angle T, \angle U$ 则是 $\triangle GHT, \triangle JKU$ 的内角.

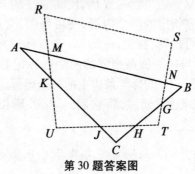

第 30 题答案图

注2:当 $n_1=1$ 与 $n_2=3$ 时,$P_1$ 是一线段,$P_2$ 是一三角形.交点的最大数是2,即可排除选项(B),(C)与(D).

答案:(A).

31. 如图,将边长为 $S$ 的等边三角形的面积计算公式 $K=\dfrac{\sqrt{3}}{4}S^2$ 应用于等边三角形Ⅰ,Ⅲ,求出 $AB=8\sqrt{2}$,$CD=4\sqrt{2}$. 正方形Ⅱ的边长 $BC=4\sqrt{2}$,所以 $AD=16\sqrt{2}$;从 $BC$ 中减去 $AD$ 长的 $12\dfrac{1}{2}\%$ 或 $\dfrac{1}{8}$,即减去 $2\sqrt{2}$,于是 $BC$ 的长度减少到 $2\sqrt{2}$,或减少到原值的一半.因此,正方形的面积减少到原值的 $\dfrac{1}{4}$.即正方形的面积减少了75%.

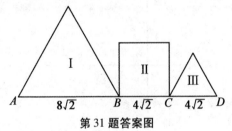

第31题答案图

答案:(D).

32. 设 $(u,v)$ 表示 $(A,B)$ 的均匀速度(m/min),则在 2 min 与 10 min 后,它们与点 $O$ 等距,如图,$OA'=OB'$,$OA''=OB''$,这两关系可以用 $u,v$ 表示为
$$2u=500-2v \text{ 以及 } 10u=10v-500$$
将此二等式相加,得到 $12u=8v$,故 $\dfrac{u}{v}=\dfrac{2}{3}$.

因而 $A,B$ 的速度比 $u:v=2:3$.

如选项(C)所述.

注:2 min 后 $A,B$ 的位置是 $A',B',OA'=2u=OB'$.
在后 8 min 期间,$A$ 移动了 $8u$ m 到 $A''$,$B$ 移动了 $8v$ m 到 $B''$,并且
$$OA''=10u=OB''=8v-2u$$
由此
$$12u=8v \text{ 即 } \frac{u}{v}=\frac{2}{3}$$

本解法并没有使用到在开始时的数据——$B$ 离点 $O$ 500 m;但我们使用了 $B$ 向点 $O$ 移动这一事实(否则,它们在两个不同的时间,均与原点 $O$ 等距离,会使我们误信 $u=v$).欲求比值 $\frac{u}{v}$,一个包含 $u$,$v$ 的关系就够了.本解法证实了这一点.

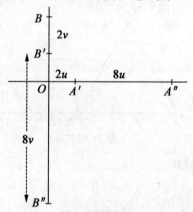

第 32 题答案图

答案:(C).

33. 设 $N$ 用 9 进位数表示时,第一、二、三个数字分别为 $x,y,z$,因此
$$81x+9y+z=49z+7y+x \text{ 或 } y=8(3x-5z)$$

第4章 1968年试题

由于 $y$ 是用 7 进位数表示 $N$ 时的数字,所以 $0 \leqslant y < 7$,因而,整数 $n = 3z - 5x$ 为零(否则 $|8n|$ 便大于 7). 由此 $N$ 的中间数字 $y = 0$. 再由于 $z$ 也是用 7 进位数表示 $N$ 时的第一位数字,故 $0 < z < 7$. 又 $3z = 5x, z$ 可被 5 整除,因此 $z = 5$, 以及 $x = 3$. 所以
$$N = 305_9 = 503_7 = 248_{10}$$

答案:(A).

34. 设 $d, p$ 分别表示开始时反对议案以及后来通过议案的票数. 则 $400 - d$ 与 $400 - p$ 分别是开始时赞成,后来反对的票数,而 $d - (400 - d) = 2d - 400$ 是第一次表决时,反对票数与赞成票数之差,$2p - 400$ 则是第二次表决时赞成票数与反对票数之差. 按题设的条件,得到等式
$$2p - 400 = 2[2d - 400] \text{ 及 } p = \frac{12}{11}d$$

前者等价于 $2d - p = 200$,将后式的 $p$ 代入此式,求出 $d = 220, p = 240$. 因此,所求的差是
$$p - (400 - d) = 240 - 180 = 60$$

答案:(B).

35. 使用梯形与矩形的面积计算公式
$$\frac{K}{R} = \frac{\frac{1}{2}HG(EF + CD)}{HG \cdot EF} = \frac{1}{2}(1 + \frac{CD}{EF})$$
$$= \frac{1}{2} + \frac{1}{2}\frac{CD}{EF}$$

如图,将毕达哥拉斯定理应用到直角 $\triangle OGC$, $\triangle OHF$,有
$$\frac{CD}{EF} = \frac{2GD}{2HF} = \frac{GD}{HF} = \frac{\sqrt{OD^2 - OG^2}}{\sqrt{OF^2 - OH^2}} = \frac{\sqrt{a^2 - OG^2}}{\sqrt{a^2 - OH^2}}$$

如果用 $z$ 表 $JH$,则有 $JG=2z$,于是 $OH=a-z$, $OG=a-2z$,所以

$$\frac{CD}{EF}=\frac{\sqrt{a^2-(a-2z)^2}}{\sqrt{a^2-(a-z)^2}}=\frac{\sqrt{4az-4z^2}}{\sqrt{2az-z^2}}=\frac{\sqrt{4a-4z}}{\sqrt{2a-z}}$$

当 $OG$ 趋于 $a$ 时,$z$ 趋于 $0$,所以 $\dfrac{CD}{EF}$ 趋于 $\sqrt{\dfrac{4a}{2a}}=\sqrt{2}$.

因此 $\dfrac{K}{R}=\dfrac{1}{2}+\dfrac{1}{2}(\dfrac{CD}{EF})$ 趋于 $\dfrac{1}{2}+\dfrac{1}{2}\sqrt{2}=\dfrac{1}{2}+\dfrac{1}{\sqrt{2}}$,如选项(D)所述.

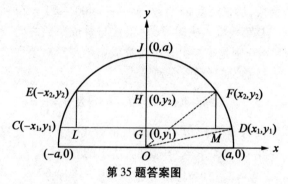

第35题答案图

答案:(D).

# 1969 年试题

## 第 5 章

### 1 第一部分

1. 如果在分数 $\dfrac{a}{b}$ ($a \neq b, b \neq 0$) 的分子和分母中各加上 $x$，分数变成 $\dfrac{c}{d}$，那么 $x$ 等于 ( ).

   (A) $\dfrac{1}{c-d}$      (B) $\dfrac{ad-bc}{c-d}$

   (C) $\dfrac{ad-bc}{c+d}$      (D) $\dfrac{bc-ad}{c-d}$

   (E) $\dfrac{bc-ad}{c+d}$

2. 如果某一货品以 $x$ 元出售，那就有成本的 15% 的亏损①. 但如果以 $y$ 元出售，那么就有成本的 15% 的利润②. $y$:$x$ 比例是 ( ).

---

① 成本的 $l$% 的亏损就是亏损等于 $\dfrac{l}{100}\cdot$ 成本.

② 成本的 $r$% 的利润就是利润等于 $\dfrac{r}{100}\cdot$ 成本.

(A) 23:17          (B) 17y:23
(C) 23x:17        (D) 同成本有关
(E) 非上述的答案

3. 如果在二进制中, $N$ 写成 11 000, 那么 $N$ 的前一位整数在二进制中可以写成( ).

(A) 10 001    (B) 10 010    (C) 10 011    (D) 10 110
(E) 10 111

4. 假设一个在整数序偶上的二元运算 $*$ 是如此定义的: $(a,b)*(c,d)=(a-c,b+d)$. 那么, 如果 $(3,2)*(0,0)$ 及 $(x,y)*(3,2)$ 表示相同的序偶, 则 $x$ 等于( ).

(A) $-3$    (B) 0    (C) 2    (D) 3
(E) 6

5. 如果从一个数 $N(N\neq 0)$ 减去它的倒数的四倍, 等于一个实常数 $R$, 那么, 对于这个给定的 $R$ 而言, 所有这些可能的 $N$ 值的和是( ).

(A) $\dfrac{1}{R}$    (B) $R$    (C) 4    (D) $\dfrac{1}{4}$
(E) $-R$

6. 两个同心圆间的环的面积是 $12\dfrac{1}{2}\pi$ cm². 切于小圆的一条大圆弦线的长度(以 cm 为单位)是( ).

(A) $\dfrac{5}{\sqrt{2}}$    (B) 5    (C) $5\sqrt{2}$    (D) 10
(E) $10\sqrt{2}$

7. 如果点 $(1,y_1)$ 与点 $(-1,y_2)$ 位于 $y=ax^2+bx+c$ 和 $y_1-y_2=-6$ 的图形上, 则 $b$ 等于( ).

(A) $-3$    (B) 0    (C) 3    (D) $\sqrt{ac}$

(E) $\dfrac{a+c}{2}$

8. △ABC 内接于一圆. 非交叠劣弧 AB, BC 及 CA 的量度分别为 $x+75°, 2x+25°, 3x-22°$. 那么三角形的一个内角(以度为单位)是(   ).

(A) $57\dfrac{1}{2}$   (B) 59   (C) 60   (D) 61

(E) 122

9. 以 2 为首的连续 52 个正整数的算术平均值(一般意义上的平均值)是(   ).

(A) 27   (B) $27\dfrac{1}{4}$   (C) $27\dfrac{1}{2}$   (D) 28

(E) $28\dfrac{1}{2}$

10. 同一个圆及其两条平行切线等距离的点的数目是(   ).

(A) 0   (B) 2   (C) 3   (D) 4

(E) 无穷个

## 2　第二部分

11. 已知在 $xy$ 平面上的两点 $P(-1,-2)$ 和 $Q(4,2)$; 取点 $R(1, m)$ 使得 $PR+RQ$ 最小. 那么 $m$ 等于(   ).

(A) $-\dfrac{3}{5}$   (B) $-\dfrac{2}{5}$   (C) $-\dfrac{1}{5}$   (D) $\dfrac{1}{5}$

(E) $-\dfrac{1}{5}$ 或 $\dfrac{1}{5}$

12. 设 $F=\dfrac{6x^2+16x+3m}{6}$ 是一个 $x$ 的线性式子的平方.
那么 $m$ 具有一个特有的数值处于( ).
(A)3 和 4 之间  (B)4 和 5 之间
(C)5 和 6 之间  (D) $-4$ 和 $-3$ 之间
(E) $-6$ 和 $-5$ 之间

13. 一个半径为 $r$ 的圆被一个半径为 $R$ 的圆所包围. 大圆所包着的面积是大小圆之间区域的面积的 $\dfrac{a}{b}$ 倍.
那么 $R:r$ 等于( ).
(A)$\sqrt{a}:\sqrt{b}$  (B)$\sqrt{a}:\sqrt{a-b}$
(C)$\sqrt{b}:\sqrt{a-b}$  (D)$a:\sqrt{a-b}$
(E)$b:\sqrt{a-b}$

14. 满足不等式 $\dfrac{x^2-4}{x^2-1}>0$ 的所有 $x$ 值的集包含所有满足下列条件的 $x$ 值( ).
(A)$x>2$ 或 $x<-2$ 或 $-1<x<1$
(B)$x>2$ 或 $x<-2$  (C)$x>1$ 或 $x<-2$
(D)$x>1$ 或 $x<-1$
(E)$x$ 是除去 1 或 $-1$ 的任意的实数

15. 在一个以 $O$ 为圆心,$r$ 为半径的圆中,作一弦 $AB$, 长度等于 $r$(单位). 过 $O$ 的一条 $AB$ 的垂线交 $AB$ 于 $M$. 过 $M$ 的一条 $OA$ 的垂线交 $OA$ 于 $D$. 以 $r$ 表示 $\triangle MDA$ 的面积为( ).
(A)$\dfrac{3r^2}{16}$  (B)$\dfrac{\pi r^2}{16}$  (C)$\dfrac{\pi r^2\sqrt{2}}{8}$  (D)$\dfrac{r^2\sqrt{3}}{32}$
(E)$\dfrac{r^2\sqrt{6}}{48}$

16. 当用二项式定理展开 $(a-b)^n(n \geq 2, ab \neq 0)$ 时,如 $a=kb$(其中 $k$ 是一个正整数),则第二、第三项的和是零.那么 $n$ 等于( ).

(A) $\frac{1}{2}k(k-1)$　　(B) $\frac{1}{2}k(k+1)$

(C) $2k-1$　(D) $2k$　　(E) $2k+1$

17. 以下数字满足方程式 $2^{2x}-8 \cdot 2^x+12=0$ 的是( ).

(A) $\log 3$　(B) $\frac{1}{2}\log 6$　(C) $1+\log \frac{3}{2}$

(D) $1+\frac{\log 3}{\log 2}$　　(E) 非上述的答案

18. 方程式 $(x-y+2)(3x+y-4)=0$ 及 $(x+y-2)(2x-5y+7)=0$ 的圆形的公共点的个数是( ).

(A) 2　(B) 4　(C) 6　(D) 16

(E) 无穷

19. 满足方程式 $x^4y^4-10x^2y^2+9=0$ 的不同序偶 $(x,y)$(其中 $x,y$ 为正整数)的个数是( ).

(A) 0　(B) 3　(C) 4　(D) 12

(E) 无穷

20. 设 $P$ 等于 $3,659,893,456,789,325,678$ 和 $342,973,489,379,256$ 的乘积. $P$ 中数字的位数是( ).

(A) 36　(B) 35　(C) 34　(D) 33

(E) 32

## 3 第三部分

21. 如果 $x^2+y^2=m$ 的圆形切于 $x+y=\sqrt{2m}$ 的图形，那么( ).

   (A) $m$ 一定等于 $\frac{1}{2}$  (B) $m$ 一定等于 $\frac{1}{\sqrt{2}}$

   (C) $m$ 一定等于 $\sqrt{2}$   (D) $m$ 一定等于 2

   (E) $m$ 可以是任意非负实数

22. 设由 $x$ 轴,直线 $x=8$,曲线 $f=\{(x,y)|y=x$ 其中 $0\leqslant x\leqslant 5, y=2x-5$ 其中 $5\leqslant x\leqslant 8\}$ 所包围的面积为 $K, K$ 等于( ).

   (A) 21.5  (B) 36.4  (C) 36.5  (D) 44

   (E) 小于 44,但接近 44

23. 对于任意大于 1 的整数而言,大于 $n!+1$ 而小于 $n!+n$ 的质数的个数是①( ).

   (A) 0  (B) 1

   (C) $\frac{n}{2}$,当 $n$ 为偶数,$\frac{n+1}{2}$,当 $n$ 为奇数

   (D) $n-1$  (E) $n$

24. 当自然数 $P$ 和 $P'$(其中 $P>P'$),被自然数 $D$ 除时,余数分别是 $R$ 和 $R'$. 当 $PP'$ 和 $RR'$ 被 $D$ 除时,余数分别为 $r$ 和 $r'$,那么( ).

   (A) $r$ 永远大于 $r'$  (B) $r$ 永远小于 $r'$

---

① 符号 $n!$ 表示 $1\times 2\times\cdots\times(n-1)\times n$;如 $5!=1\times 2\times 3\times 4\times 5=120$.

(C)$r$ 有时大于 $r'$,$r$ 有时小于 $r'$

(D)$r$ 有时大于 $r'$,$r$ 有时等于 $r'$

(E)$r$ 恒等于 $r'$

25. 如果已知 $\log_2 a + \log_2 b \geq 6$,那么所能取的 $a+b$ 最小值是(　　).

(A)$2\sqrt{6}$　　(B)$6$　　(C)$8\sqrt{2}$　　(D)$16$

(E)非上述的答案

26. 如图,一抛物线最大高度为 16 cm,跨度为 40 cm.在离中心 $M$ 5 cm 的地方,弧的高度(以 cm 为单位)是(　　).

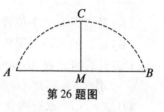

第26题图

(A)$1$　　(B)$15$　　(C)$15\dfrac{1}{2}$　　(D)$15\dfrac{1}{3}$

(E)$15\dfrac{3}{4}$

27. 移动一质点,行至第 2 km 和以后的千米数时,其速率同所行的整数千米数成反比.而且在以后的每 1 km 中,速率是固定的.如果行第 2 km 要用 2 h,那么,行第 $n$ km 所需的时间(以小时计算)是(　　).

(A)$\dfrac{2}{n-1}$　　(B)$\dfrac{n-1}{2}$　　(C)$\dfrac{2}{n}$　　(D)$2n$

(E)$2(n-1)$

28. 某些点 $P$ 位于半径为 1 的圆所包围的区域内,而且从点 $P$ 到某一直径的端点的距离的平方和是 3.设 $n$ 为点 $P$ 的数目,那么 $n$ 是(　　).

(A)$0$　　(B)$1$　　(C)$2$　　(D)$4$

(E)无限大

29. 如果 $x = t^{\frac{1}{t-1}}$ 和 $y = t^{\frac{t}{t-1}}(t>0, t \neq 1)$，则 $x$ 与 $y$ 的关系是( )．

(A) $y^x = x^{\frac{1}{y}}$      (B) $y^{\frac{1}{x}} = x^y$

(C) $y^x = x^y$      (D) $x^x = y^y$

(E) 非上述的答案

30. 设 $P$ 为等腰 Rt$\triangle ABC$ 的斜边 $AB$（或其延长线）上的一点．如 $S = AP^2 + PB^2$，那么( )．

(A) 对 $P$ 的有限个位置而言，有 $S < 2CP^2$

(B) 对 $P$ 的无限个位置而言，有 $S < 2CP^2$

(C) 只有当 $P$ 在 $AB$ 的中点，或 $AB$ 的一个端点上，才有 $S = 2CP^2$

(D) $S = 2CP^2$ 永远成立

(E) 如果 $P$ 在 $AB$ 的三分点上，则有 $S > 2CP^2$

## 4 第四部分

31. 设 $u_1 = 5$ 及 $u_{n+1} - u_n = 3 + 4(n-1)(n=1,2,3,\cdots)$ 定义了一个序列 $\{u_n\}$．如果 $u_n$ 可以用 $n$ 的一个多项式表示，则此多项式系数的代数和是( )．

(A) 3    (B) 4    (C) 5    (D) 6

(E) 11

32. 设 $S_n$ 和 $T_n$ 分别为两个算术级数的首 $n$ 项之和．如果对于所有的 $n$，有 $S_n:T_n = (7n+1):(4n+27)$，则第一个级数的第 11 项同第二个级数的第 11 项的比例是( )．

(A) 4:3    (B) 3:2    (C) 7:4    (D) 78:71

(E) 未能决定

## 第 5 章　1969 年试题

33. 以 $x^2-3x+2$ 去除 $x^{100}$ 所得的余式 $R$ 是一个次数低于 2 的多项式,那么 $R$ 可以写成(　　).
 (A) $2^{100}-1$
 (B) $2^{100}(x-1)-(x-2)$
 (C) $2^{100}(x-3)$
 (D) $x(2^{100}-1)+2(2^{99}-1)$
 (E) $2^{100}(x+1)-(x+2)$

34. 设 $OABC$ 为 $xOy$ 平面上的一个正方形单位,其中 $O(0,0), A(1,0), B(1,1)$ 及 $C(0,1)$. 设 $u=x^2-y^2, v=2xy$ 是一个由 $xOy$ 平面到 $uOv$ 平面上的变换. 正方形的变换(或象点)是(　　).

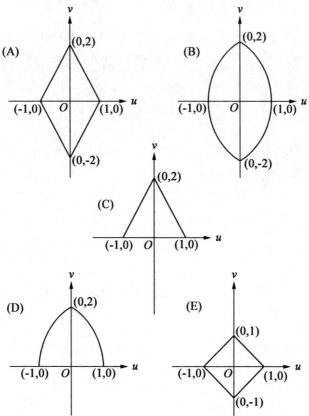

129

35. 设 $L(m)$ 为 $y=x^2-6$ 和 $y=m$(其中 $-6<m<6$)的图形的左端交点的 $x$ 坐标. 设 $r=[L(-m)-L(m)]/m$. 那么, 当 $m$ 无限接近 0 时, $r$ 的值是 (    ).

(A)非常接近 0   (B)非常接近 $\dfrac{1}{\sqrt{6}}$

(C)非常接近 $\dfrac{2}{\sqrt{6}}$   (D)无穷大

(E)未能决定

## 5 答　案

1.(B)  2.(A)  3.(E)  4.(E)  5.(B)  6.(C)
7.(A)  8.(D)  9.(C)  10.(C)  11.(B)
12.(A)  13.(B)  14.(A)  15.(D)  16.(E)
17.(D)  18.(B)  19.(B)  20.(C)  21.(E)
22.(C)  23.(A)  24.(E)  25.(D)  26.(B)
27.(E)  28.(E)  29.(C)  30.(D)  31.(C)
32.(A)  33.(B)  34.(D)  35.(B)

## 6　1969 年试题解答

1. 解方程式

$$\frac{a+x}{b+x}=\frac{c}{d}$$

等价方程是

## 第5章 1969年试题

$$ad + xd = bc + xc$$

于是 $(c-d)x = ad - bc$

所以 $x = \dfrac{ad-bc}{c-d}$.

答案:(B)

注:当 $\dfrac{c}{d}$ 为(i) $-1$,(ii) $\dfrac{a}{b}$ 的倒数,(iii) $\dfrac{a}{b}$ 的平方时,则 $-x$ 分别取数值

$$(\text{i})\ \frac{1}{2}(a+b)\ ;(\text{ii})\ a+b\ ;(\text{iii})\ \frac{ab}{a+b}$$

即 $a$ 和 $b$ 的(i)算术平均值,(ii)和,(iii)调和平均值的一半.

2. 设 $C$ 为成本(单位为元),那么

$$x = C - 0.15C = 0.85C$$

与及 $y = C + 0.15C = 1.15C$

因此所求比例是

$$\frac{y}{x} = \frac{1.15C}{0.85C} = \frac{23}{17}$$

答案:(A).

3. 只要 $n$ 和 $r$ 是正整数($n > r$),下列恒等式总是有效的.从直接乘法可以证明

$$x^n - x^r = (x-1)(x^{n-1} + x^{n-2} + \cdots + x^r)$$

如果令 $x = 2$,就得到 $x - 1 = 1$,于是

$$2^n - 2^r = 2^{n-1} + 2^{n-2} + \cdots + 2^r$$

现在 $N = 11\,000_2 = 2^4 + 2^3$,同时,用上述恒等式(其中 $n = 3, r = 0$),可得到

$$N - 1 = 2^4 + 2^3 - 1 = 2^4 + (2^2 + 2 + 1) = 10\,111_2$$

答案:(E).

4. 从定义得知 $(3,2) * (0,0) = (3-0, 2+0) = (3,$

2),而 $(x,y)*(3,2)=(x-3,y+2)$. 如果 $(3,2)$ 以及 $(x-3,y+2)$ 表示相同的序偶,则有 $3=x-3$,于是 $x=6$.

答案:(E).

5. $N$ 的所有可能值的和

$$N-\frac{4}{N}=R$$

是等价方程

$$N^2-RN-4=0$$

的根的和.

这些根是

$$N=\frac{R+\sqrt{R^2+16}}{2}, 及 N=\frac{R-\sqrt{R^2+16}}{2}$$

它们的和是 $R$.

答案:(B).

6. 如图,从圆的公共圆心 $O$,经弦 $c$ 的切点画一小圆的半径 $r$,同时画一大圆的半径 $R$ 经该弦的一个终点.

对于以 $r, \frac{c}{2}$ 为边,$R$ 为斜边的直角三角形而言,毕达哥拉斯定理给出

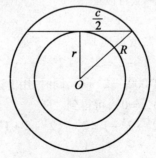

第6题答案图

$$(\frac{c}{2})^2 = R^2 - r^2$$

而环的面积是

$$\frac{25}{2}\pi = \pi R^2 - \pi r^2 = \pi(R^2 - r^2)$$

因此$(\frac{c}{2})^2 = \frac{25}{2}, c^2 = 50$,即$c = 5\sqrt{2}$.

答案:(C).

7. 因为点$(1, y_1)$和$(-1, y_2)$位于$y = ax^2 + bx + c$的图形上,我们可以将它们的坐标代入方程式,得

$$y_1 = a + b + c \text{ 及 } y_2 = a - b + c$$

因此$y_1 - y_2 = 2b = -6$及$b = -3$.

答案:(A).

8. 如图,弧$AB, BC$及$CA$所对的内角为$C, A$及$B$,各角的量度分别为$\frac{1}{2}(x+75°), \frac{1}{2}(2x+25°)$及$\frac{1}{2}(3x-22°)$,其和是$180°$.结果可列方程式

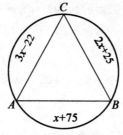

第8题答案图

$$\frac{1}{2}(x+75°) + \frac{1}{2}(2x+25°) + \frac{1}{2}(3x-22°) = 180°$$

解之得:$x = 47°$,可见$\angle C = 61°, \angle A = 59\frac{1}{2}°, \angle B =$

$59\frac{1}{2}°$, $\angle C = 61°$ 是一个内角.

答案:(D).

9. 这些整数组成一个算术级数,首项 $a = 2$,公差 $d = 1$,项数 $n = 52$. 因此,它们的和是

$$S = \frac{1}{2}n[2a + (n-1)d]$$
$$= \frac{1}{2}52(4 + 51) = \frac{1}{2} \times 52 \times 55$$

它们的平均值为: $\frac{S}{52} = \frac{1}{2} \times 55 = 27\frac{1}{2}$.

答案:(C).

注:事实上所有算术级数和的性质都基于恒等式

$$1 + 2 + 3 + \cdots + n = \frac{1}{2}n(n+1) \text{①} \qquad (*)$$

在具体情况下,算术级数中 $n$ 个(相连的)数字的算术平均值是最小和最大的数的算术平均值.

证明:设 $n$ 个数字顺次为

$$a, a+d, a+2d, \cdots, a+(n-1)d$$

它们的算术平均是

$$\frac{1}{n}[a + a+d + a+2d + \cdots + a+(n-1)d]$$

---

① 这个从 1 到 $n$ 的整数之和 $S_n$ 的公式,可以用著名的高斯方法推导出来:将和数写两次,第二次写成相反次序,然后相加

| $S_n =$ | 1 | +2 | +3 | +⋯ | +$n-1$ | +$n$ |
|---|---|---|---|---|---|---|
| $S_n =$ | $n$ | +$n-1$ | +$n-2$+⋯ | | +2 | +1 |
| $2S_n =$ | $n+1$ | +$n+1$ | +$n+1$+⋯ | | +$n+1$ | +$n+1$ |

由于右方有 $n$ 项,全部都等于 $n+1$,即得 $2S_n = n(n+1)$.

$$= \frac{1}{n}[na + d(1+2+\cdots+n-1)]$$

$$= a + \frac{d}{n}\frac{(n-1)n}{2}[\text{由恒等式}(*)]$$

$$= \frac{1}{2}[a + a + (n-1)d]$$

从最后的一个式子,可以看到正是这些数字中最先和最后的数字的算术平均.(注意:另外一个证明可以直接地将高斯的方法用于级数 $a, a+d, \cdots, a+(n-1)d$ 中)应用这结果得出

$$\frac{1}{2}(2+53) = 27\frac{1}{2}$$

10. 设 $O$ 是圆心,$r$ 是半径,而 $t_1$ 和 $t_2$ 是两条已知圆的平行切线(见图).于是所有同 $t_1$ 和 $t_2$ 等距离的点的轨迹,是一条在它们中间(因而经过 $O$)的平行线.这个轨迹同以 $2r$ 为半径的同心圆(虚线)的交点 $P$ 和 $Q$,连同圆心 $O$,就是同圆及其两条平行切线 $t_1, t_2$ 等距离的仅有的 3 点.

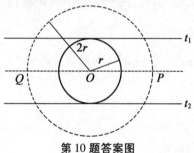

**第 10 题答案图**

答案:(C).

11. 由于线段之和 $PR + RQ$ 最小,点 $P, R$ 及 $Q$ 共线,因而对于任何一对点而言,$y$ 的差被 $x$ 的差除后的商

是一个常数. 选用 $P$ 和 $R$, $P$ 和 $Q$ 两对点, 有

$$\frac{m-(-2)}{1-(-1)} = \frac{2-(-2)}{4-(-1)}$$

这等价于 $m = -\frac{2}{5}$.

答案:(B).

注:在直角坐标系中,上面等式的商称为直线的斜率.

12. 式子 $F$ 可以写成

$$F = x^2 + \frac{8}{3}x + \frac{m}{2} = \left(x^2 + \frac{8}{3}x + \frac{16}{9}\right) + \left(\frac{m}{2} - \frac{16}{9}\right)$$

$$= \left(x + \frac{4}{3}\right)^2 + \left(\frac{m}{2} - \frac{16}{9}\right)$$

当 $\frac{m}{2} - \frac{16}{9} = 0$, 即 $m = \frac{32}{9}$ 时, $F$ 等于 $x$ 的线性式 $(x + \frac{4}{3})$ 的平方. 所以 $m$ 的数值应该在 3 和 4 之间.

答案:(A).

13. 大小圆面积的差为 $\pi R^2 - \pi r^2$, 等于大小两圆间区域的面积. 由假设可知, 这个面积乘以 $\frac{a}{b}$ 就等于大圆的面积

$$\pi R^2 = \frac{a}{b}(\pi R^2 - \pi r^2) \text{ 或 } \frac{a}{b}r^2 = R^2\left(\frac{a}{b} - 1\right)$$

因此

$$\frac{R^2}{r^2} = \frac{a}{a-b}$$

而所求比例是

$$\frac{R}{r} = \frac{\sqrt{a}}{\sqrt{a-b}}$$

答案:(B).

14. 由于要求分数 $\dfrac{x^2-4}{x^2-1}$ 是正的,所以, $x^2-4$ 和 $x^2-1$ 一定要同时是正的或同时是负的.

当 $x^2-4>0$,则 $|x|>2$,于是有
$$x^2-1=(x^2-4)+3>0$$
当 $x^2-1<0$,则 $|x|<1$,于是有
$$x^2-4=(x^2-1)-3<0$$
所有使已知分数为正的 $x$ 的集是 $x>2$ 或 $x<-2$ 或 $-1<x<1$.

答案:(A).

注意:分数 $f(x)=\dfrac{x^2-4}{x^2-1}$ 是一个 $x$ 的偶函数;这说明 $f(x)$ 具有以下性质
$$f(-x)=f(x)$$
其几何特性是 $f(x)$ 的图形对称于 $y$ 轴. 具体说, $f(x)$ 是 $f$ 的定义域中位置对称的点,而以上解答证实了这一点.

15. 如图,因为弦 $AB$ 的长度是 $r$, $\triangle AOB$ 是等边的. 垂线 $OM$ 平分 $AB$,使得 $AM$ 的长度是 $\dfrac{r}{2}$,同时这是直角 $\triangle MDA$ 的斜边,其他两边则是

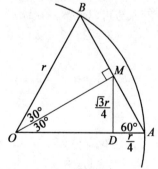

第15题答案图

$$AD = \frac{1}{2}AM = \frac{r}{4}$$

$$DM = \frac{\sqrt{3}}{4}r (因为 \angle A = 60°)$$

所以

$$\triangle MDA \text{ 的面积} = \frac{1}{2} \cdot AD \cdot MD$$

$$= \frac{1}{2} \cdot \frac{r}{4} \cdot \frac{\sqrt{3}r}{4} = \frac{r^2\sqrt{3}}{32}$$

答案:(D).

16. 在二项式中

$$(a-b)^n = a^n - na^{n-1}b + \frac{n(n-1)}{2}a^{n-2}b^2 - \cdots$$

当 $a = kb$,第二项与第三项的和是

$$-n(kb)^{n-1}b + \frac{n(n-1)}{2}(kb)^{n-2}b^2 = 0$$

被 $nk^{n-2}b^n$ 除后,得到

$$-k + \frac{n-1}{2} = 0, 即 n = 2k+1$$

答案:(E).

17. 已知方程的左边可以分解,而给出等价方程

$$(2^x - 2)(2^x - 6) = 0$$

解方程

$$2^x - 2 = 0, 2^x = 2, x = 1$$

或:
根据题意,有

$$2^x - 6 = 0, 2^x = 6, 2^{x-1} = 3, (x-1)\log 2 = \log 3$$

$$x - 1 = \frac{\log 3}{\log 2}, x = 1 + \frac{\log 3}{\log 2}$$

这是选项(D)中所述的 $x$ 值.但数值 $x=1$ 也满足已知方程.

答案:(D).

18.每个图形包括一对非平行的直线,第一对有方程式
$$\text{I}:x-y+2=0 \text{ 和 II}:3x+y-4=0$$
而第二对有方程式
$$\text{III}:x+y-2=0 \text{ 和 IV}:2x-5y+7=0$$
直线III和I,II的交点是2个不同的点$(0,2)$和$(1,1)$,而IV和I,II的交点则是另外2个不同的点$(-1,1)$及$(\frac{13}{17},\frac{29}{17})$,总共给出4个不同的公共点.

答案:(B).

19.已知方程式 $x^4y^4-10x^2y^2+9=0$ 等价于 $(x^2y^2-1)(x^2y^2-9)=0$.只是在 $x^2y^2-1=0$,即 $x^2y^2=1$,或 $x^2y^2-9=0$,即 $x^2y^2=9$ 时,左边的乘积等于零.因此 $xy=\pm 1$ 或 $xy=\pm 3$.有正整数值的序偶是:$(1,1),(1,3),(3,1)$.因此有3个这样的序偶.

答案:(B).

20.设 $x$ 表示已知乘积的第一个因子,$y$ 是其第二个因子.那么
$$3.6\times 10^{18}<x<3.7\times 10^{18}$$
及
$$3.4\times 10^{14}<y<3.5\times 10^{14}$$
顺次将这些不等式相乘,得
$$3.6\times 3.4\times 10^{32}<xy<3.7\times 3.5\times 10^{32}$$
由于 $P=xy$ 在左边的下界和右边的上界都有34位数,所以 $P$ 也是一个34位数.

答案:(C).

21. 直线 $x+y=\sqrt{2m}$ 同任意一点 $(x_1,y_1)$ 的距离是

$$d=\left|\frac{x_1+y_1}{\sqrt{2}}-\sqrt{m}\right|$$

因此它同原点 $(0,0)$ 的距离是 $\sqrt{m}$. 于是它是圆 $x^2+y^2=m$ 的切线,其中 $m$ 可以是任意非负实数.
答案:(E).

22. 如图,$K$ 包括的面积为等腰 $\text{Rt}\triangle OAD$ 和梯形 $ABCD$ 的面积

$$K=S_{\triangle OAD}+S_{梯形ABCD}$$
$$=\frac{1}{2}\times 5\times 5+\frac{1}{2}\times 3(3+11)=36.5$$

(其中 $OA=AD=5, AB=3, BC=11$)

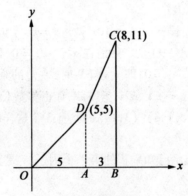

第22题答案图

答案:(C).

23. 对 $k=2,3,\cdots,n-1$ 而言,和数 $n!+k$ 可以被 $k$ 除尽,因为 $n!$ 有因子 $k$. 因此,任意使得 $n!+1<m<n!+n$ 的整数 $m$ 都是合数,于是没有一个质数能大于 $n!+1$ 而小于 $n!+n$.
答案:(A).

24. 若设 $Q$, $Q'$ 和 $Q''$ 分别为 $P$, $P'$ 和 $RR'$ 被 $D$ 除时的商,于是 $P=QD+R$, $P'=Q'D+R'$, $RR'=Q''D+r'$, 将前两个等式相乘,再用第三式取代 $RR'$, 得

$$PP' = (QD+R)(Q'D+R')$$
$$= (QQ'D+QR'+Q'R)D+RR'$$
$$= (QQ'D+QR'+Q'R+Q'')D+r'$$

由于 $r'<D$, 而此除法是单值的, $PP'$ 被 $D$ 除时的余数 $r$ 必等于 $r'$, 正如选项(E)所述.

答案:(E).

25. 有 $\log_2 a + \log_2 b = \log_2 ab \geq b$. 由于对数函数为增函数,因此

$$ab \geq 2^6$$

可以分别取用不等式的算术–几何平均值(下面给出证明)去完成这个题目,两个正数 $a,b$ 的几何平均数 $\sqrt{ab}$ 不会大过它们的算术平均数 $\dfrac{a+b}{2}$, 而只要 $a=b$, 这些平均数就相等. 在本题中

$$\frac{a+b}{2} \geq \sqrt{ab} \geq 2^3$$

而当等式成立时, $\dfrac{a+b}{2}$ 是最小的,即

$$a+b = 2 \times 2^3 = 16$$

注:设 $x$ 和 $y$ 为任意两个实数. 在 $(x-y)^2 = x^2 - 2xy + y^2 \geq 0$ 中,只有 $x=y$ 时,可用等号. 因此,只有 $x=y$ 时,有 $x^2+y^2 \geq 2xy$. 现设 $x^2=a$, $y^2=b$, 使后者不等式等价于算术平均值与几何平均值之差(AM – GM),即

$$\frac{a+b}{2} \geq \sqrt{ab}$$

所以只有 $a=b$ 时,前式可用等号.

答案:(D).

26. 选取一个正坐标系统(见图)沿着跨度选 $x$ 轴,使其原点位于中点 $M$. 那么抛物线上点 $A$ 和 $B$ 有坐标 $(-20,0)$ 和 $(20,0)$,抛物线的顶点 $C$ 在 $(0,16)$,于是它的方程式是 $y=ax^2+16$. 由于 $B(20,0)$ 在其上,就有

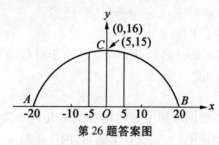

第26题答案图

$$0 = a \cdot 20^2 + 6, a = -\frac{1}{25}$$

于是
$$y = -\frac{1}{25}x^2 + 16$$

在离中心 5 cm 处,$x = \pm 5$;

所以 $y = -\frac{1}{25} \times 5^2 + 16 = 15$.

答案:(B).

27. 质点的速率是一个分段常值函数

$$V_n = 行第 n \text{ km 的速率} = \frac{距离}{时间} = \frac{1}{T_n}$$

其中 $T_n$ 是行第 $n$ km 所需的小时数. 根据假设,$V_n$ 同 $n-1$ 成反比,其倒数 $T_n$ 同 $n-1$ 成正比

$$T_n = k(n-1)$$

于是,当 $n=2, T_2 = k(2-1) = 2$. 因此 $k=2$,而所求

的时间 $T_n$ 是 $2(n-1)$.

答案:(E).

28. 在直角坐标系(见图)中,设半径为 1 的圆有方程式 $x^2+y^2=1$. 可以取 $A(-1,0)$ 和 $B(1,0)$ 作为已知直径的端点而不失去其普遍性. $P(x,y)$ 所满足的条件为 $AP^2+PB^2=3$,或用 $x$ 和 $y$ 表示,为
$$[(x+1)^2+y^2]+[(x-1)^2+y^2]=3$$

上式可化简为 $2(x^2+y^2)+2=3$,或 $x^2+y^2=\frac{1}{2}$. 因此所求的点 $P$ 就是所有在以 $\frac{1}{\sqrt{2}}$ 为半径,并和已知圆同心的圆上的点. 这些点的个数是无限大.

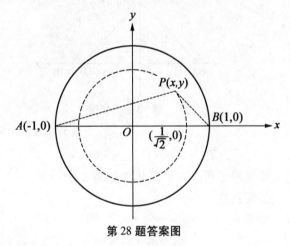

第 28 题答案图

答案:(E).

29. 如果以 $x$ 的已知式去除 $y$ 的已知式,得到
$$\frac{y}{x}=\frac{t^{\frac{t}{t-1}}}{t^{\frac{1}{t-1}}}=t^{\frac{t-1}{t-1}}=t$$

另一方面
$$y = t^{\frac{t}{t-1}} = (t^{\frac{1}{t-1}})^t = x^t$$
然后,将上述所得的 $t$ 代入其中,得到
$$y = x^{\frac{y}{x}}, 因此 y^x = x^y$$
答案:(C).

30. 如图,将 $\triangle ABC$ 的斜边放在 $x$ 轴上,并使其中点位于 $xOy$ 平面的原点上,分别以 $(-a,0),(a,0),(0,a)$ 及 $(x,0)$ 表示 $A,B,C$ 及 $P$(见图).于是 $S$ 和 $CP^2$ 的表示式可以写作

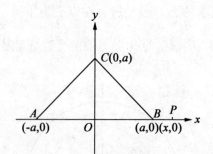

第30题答案图

$$S = [x-(-a)]^2 + (x-a)^2 = 2(x^2 + a^2)$$
$$CP^2 = (0-x)^2 + (a-0)^2 = x^2 + a^2$$

于是对于所有在 $x$ 轴上的 $P$,有 $2CP^2 = S$.
答案:(D).

31. 如果 $u_n = a_0 + a_1 n + \cdots + a_k n^k$,则
$$u_1 = a_0 + a_1 + \cdots + a_k$$
因此系数和是 $u_1 = 5$.
然而,找出 $u_n$ 实际的多项式是颇为有趣的.将已知的递推公式
$$u_{k+1} - u_k = 3 + 4(k-1)$$

依次对应于 $k = n-1, n-2, \cdots, 2, 1$，就得到
$$u_n - u_{n-1} = 3 + 4(n-2)$$
$$u_{n-1} - u_{n-2} = 3 + 4(n-3)$$
$$u_{n-2} - u_{n-3} = 3 + 4(n-4)$$
$$\vdots$$
$$u_3 - u_2 = 3 + 4(1)$$
$$u_2 - u_1 = 3 + 4(0)$$

将这些 $n-1$ 个方程式加起来，可以看到左方组成一个"嵌入式(telescoping sum)和数"
$$u_n - u_{n-1} + u_{n-1} - u_{n-2} + \cdots + u_2 - u_1 = u_n - u_1$$
而右方的和数是
$$3(n-1) + 4[1 + 2 + \cdots + n - 2]$$
$$= 3(n-1) + 4\frac{(n-2)(n-1)}{2}①$$
$$= (n-1)[3 + 2(n-2)] = 2n^2 - 3n + 1$$
于是
$$u_n - u_1 = 2n^2 - 3n + 1$$
同时，由于 $u_1 = 5$，表示 $u_n$ 的以 $n$ 为未知元的多项式是
$$u_n = 2n^2 - 3n + 6$$
其系数的和数是 $2 - 3 + 6 = 5$.
答案：(C).

32. 设 $a_1, a_2$ 分别为以 $S_n$ 及 $T_n$ 为其首 $n$ 项的算术级数的首项，$d_1, d_2$ 分别为其公差.
那么
$$S_n = n\left[a_1 + \frac{n-1}{2}d_1\right], T_n = n\left[a_2 + \frac{n-1}{2}d_2\right]$$

---

① 见 1969 年第 9 题题解下的注.

而对任意 $n$

$$\frac{S_n}{T_n} = \frac{2a_1 + (n-1)d_1}{2a_2 + (n-1)d_2} = \frac{7n+1}{4n+27}$$

这些级数的第 11 项分别是

$$u_{11} = a_1 + 10d_1 \text{ 及 } v_{11} = a_2 + 10d_2$$

其比例是

$$\frac{u_{11}}{v_{11}} = \frac{a_1 + 10d_1}{a_2 + 10d_2} = \frac{2a_1 + 20d_1}{2a_2 + 20d_2}$$

最后一个表达式对 $n = 21$ 来说刚好是 $\frac{S_n}{T_n}$，于是有

$$\frac{u_{11}}{v_{11}} = \frac{7(21)+1}{4(21)+27} = \frac{148}{111} = \frac{4}{3}$$

答案:(A).

33. 除后的商式是一个次数为 98 的多项式,以 $Q(x)$ 表达之. 于是

$$x^{100} = Q(x)(x^2 - 3x + 2) + R$$

由于余式 $R$ 的次数小于 2,可用 $R(x) = ax + b$ 表示它. 于是

$$x^{100} = Q(x)(x-2)(x-1) + (ax+b)$$

首先取 $x = 2$,然后 $x = 1$,得到

$$2^{100} = 2a + b \text{ 及 } 1 = a + b$$

相减后,得到 $2^{100} - 1 = a$,于是

$$b = 1 - a = 1 - (2^{100} - 1) = 2 - 2^{100}$$

所以

$$R(x) = ax + b = (2^{100} - 1)x + (2 - 2^{100})$$
$$= 2^{100}(x-1) - (x-2)$$

答案:(B).

34. 以箭头($\rightarrow$)表示,从 $xOy$ 平面到 $uOv$ 平面的已知映射,以 $O', A', B'$ 及 $C'$ 表示 $O, A, B$ 及 $C$ 在 $uOv$ 平

面上的象点(见图). 直接代入,得

$O(0,0) \to O'(0,0), A(1,0) \to A'(1,0)$

$B(1,1) \to B'(0,2), C(0,1) \to C'(-1,0)$

从$(0,0)$到$(1,0)$的线段 $OA$.

$\to$从$(0,0)$到$(1,0)$的线段 $O'A'$.

从$(1,0)$到$(1,1)$的线段 $AB$.

$\to \begin{cases} 从(1,0)到(0,2)的抛物弧 A'B' \\ 方程式为 u = 1 - \dfrac{1}{4}v^2 \end{cases}$.

从$(1,1)$到$(0,1)$的线段 $BC$.

$\to \begin{cases} 从(0,2)到(-1,0)的抛物弧 B'C' \\ 方程式为 u = \dfrac{1}{4}v^2 - 1 \end{cases}$.

从$(0,1)$到$(0,0)$的线段 $CO$.

$\to$从$(-1,0)$到$(0,0)$的线段 $C'O'$.

如图,正方形的变形(或象点)显然是选项(D)的图形.

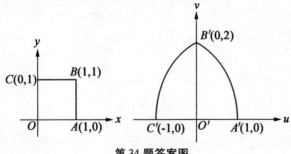

第34题答案图

答案:(D).

35. $y = x^2 - 6$ 及 $y = m$ 的图形的交点的 $x$ 坐标满足 $x^2 - 6 = m$ 或 $x^2 = 6 + m$. 它们是 $x = \pm\sqrt{6+m}$;这

是不等于零的实值,因为 $-6 < m < 6$,而左方端点是

$$L(m) = -\sqrt{6+m}$$

因此

$$r = \frac{L(-m) - L(m)}{m} = \frac{-\sqrt{6-m} - (-\sqrt{6+m})}{m}$$

在有理化分子后,化简为

$$r = \frac{2}{\sqrt{6+m} + \sqrt{6-m}}$$

因此当 $m$ 接近 $0$ 时,$r$ 值接近

$$\frac{2}{\sqrt{6} + \sqrt{6}} = \frac{2}{2\sqrt{6}} = \frac{1}{\sqrt{6}}$$

答案:(B).

# Mordell 定理

## ——从数论中的同余数问题谈起

## 1 引 子

试证边长为整数而面积在数值上等于周长的两倍的直角三角形,正好有三个.

这是第 26 届美国普特南数学竞赛试题.

**证明** 设直角三角形的三边长为 $x$, $y$ 和 $z$,其中 $z$ 为斜边的长,且 $x$, $y$ 和 $z$ 为整数.

由题意,有不定方程组

$$\begin{cases} x^2 + y^2 = z^2 & (1) \\ \dfrac{1}{2}xy = 2(x+y+z) & (2) \end{cases}$$

由式(1)可得

$$\begin{cases} x = \lambda(p^2 - q^2) \\ y = z\lambda pq \\ z = \lambda(p^2 + q^2) \end{cases}$$

其中 $(p,q)=1$, $p \not\equiv q \pmod{2}$, $\lambda$ 为任意自然数,将 $x$, $y$, $z$ 的值代入式(2)得

$$\lambda^2(p^2-q^2)pq = 2\lambda(p^2-q^2+2pq+p^2+q^2)$$

化简可得

$$\lambda(p-q)q = 4$$

由 $p \not\equiv q \pmod 2$ 可得 $p-q$ 是奇数,于是 $q=1,2$ 或 4.

当 $q=1$ 时,$p=2,\lambda=4,x=12,y=16,z=20$;

当 $q=2$ 时,$p=3,\lambda=2,x=10,y=24,z=26$;

当 $q=4$ 时,$p=5,\lambda=1,x=9,y=40,z=41$.

因而正好有三组解.

这一试题是以数论中同余数问题为背景的.

## 2  费马的栏外注解

在费马(Fermat, 1605—1665)的栏外注解中有很多谜,其中所谓"费马大定理"较有名.但这不是说其他问题不重要,如其中的"同余数"问题及有关整数的二次型表现问题也很重要.

在被认为是费马留下的唯一注解的 Observationes XLV 中有这样的开场白:"以整数构成的直角三角形的面积不会是平方数.让我们对此给予证明,这一发现我经过了艰难的思索,它的证明会给数的科学以辉煌的进步". 顺便提一下,费马在此证明不定方程 $x^4 - y^4 = z^2$ 不存在解,这成为"大定理"的 $n=4$ 情况下的证明的证据,在丢番图的《算术》的第 VI 卷,载有大量有关直角三角形的问题,即"毕达哥拉斯"问题.

## 附录　Mordell 定理

巴歇[①]在 1621 年用希腊语和拉丁语翻译出版了《算术》一书,在此书中,他把自己的研究体会用注释的形式写了进去. 特别是第 Ⅵ 卷的卷末载了 22 个直角三角形问题,其中第 20 个问题就是"寻找以已知数为面积的直角三角形". 对此,费马作了上面那段注解.

一般,当 $n$ 为已给自然数时,存在以 $n$ 为面积的,三边为有理数的直角三角形时,我们称 $n$ 为同余数(congruent number):$\exists x,y,z(\in \mathbf{Q})$

$$x^2 + y^2 = z^2, n = \frac{1}{2}xy \qquad (3)$$

从而费马证明了定理:平方数不是同余数. 因为三角形的边增加 $t$ 倍时其面积增加 $t^2$ 倍,所以在考虑这个问题时,很明显,$n$ 可以不包含平方因子. 那么可以假定 $n$ 不包含平方因子,于是费马定理可表达为"1 是非同余数".

---

① 巴歇(Bachet de Méziriac. Claude-Gaspar,1581—1638)法国数学家. 生于法国布雷斯地区布尔格(Boury-en-Bresse),卒于同地. 他能用法文、意大利文、拉丁文写诗,还谙熟希腊文. 曾在帕多瓦(Padua)等地学习,其后任教于米兰和科莫(Como)的教会学校. 在巴黎和罗马定居多年. 1635 年被选为法国科学院院士. 巴歇是数学游戏的先驱之一,著有《趣味算题集》(1612 年里昂)一书,书中着重分析了数学思想的妙趣,并且尽量对一些特例进行概括. 他解决了一次不定方程的整数解的求法问题,他几乎涉及了连分数理论. 1621 年,他将丢番图的《算术》(Arithmetica)由希腊文译成拉丁文出版,其中也收入了他自己在数论和丢番图分析上的研究成果. 这部著作对著名数论专家费马产生了很大影响. 所谓巴歇定理是指:每一个整数都可表为不多于 4 个平方数的和,它在 1770 年被拉格朗日所证得.

判定一个指定自然数是否为同余数,并不像想象的那样简单,它是个非常难的问题. 至今也没有得到完全的解决. 本节从是谁起了同余数这一有点奇怪又不太相称的名字入手,叙述一下有关同余数问题的研究状况,不是出于对未解决难题单纯的兴趣,由于一个代数模式的导入,一大堆看来没有联系的与若干古典难题有关的各种结果,倾刻间被整理得系统化,甚至由于这种代数问题被凝缩成(riticalvalwe)解析问题,使问题大步走向解决的彼岸. 陈述一下数学发展的一个典型事例和为解决一个朴素的问题而做的努力,我们觉得这是件意义深远的事情.

首先,我们把下面的命题提出来(这是公元10世纪左右阿拉伯人研究的一个问题).

**命题** 欲使 $n$ 为同余数,那么
$$x^2 + n = \Box, \quad x^2 - n = \Box \qquad (*)$$
式(*)必有有理数解.

($\Box$ 记号表示有理平方数,且两个 $\Box$ 是不同的平方数. 有时前一个 $\Box$ 写成 $u^2$,后一个写成 $v^2$,但 $\Box$ 记号至今仍被人们所受用)

**证明** 设 $n$ 为同余数,根据式(*)得
$$\left(\frac{z}{2}\right)^2 \pm n = \left(\frac{x+y}{2}\right)^2 \qquad (**)$$
从而式(**)成立. 反之若
$$x^2 + n = u^2, \quad x^2 - n = v^2$$
则有
$$z = 2x, \quad x = u + v, \quad y = u - v$$

根据这一命题,想要说明平方数 $n = y^2$ 不是同余数,只要说明式(**)没有解,其他的就可以迎刃而

解. $z^2+2xy=(x\pm y)^2$ 这一变形在丢番图(Diophantus)的算术中经常出现,因此同余数问题可以说是丢番图首先提出的. 但对于给定的 $n$ 是否是同余数这一问题的出现,据 Dickson 考证是最初见于 10 世纪的阿拉伯文献中. 据说 10 世纪的 Mohammed Ben Alhocain 也对直角三角形与不定方程的关系有过注意.

由于毕达哥拉斯方程的解是 $x=a^2-b^2, y=2ab, z=a^2+b^2$,因此,为了使 $n$ 为同余数,很有必要作如下的表述

$$n=ab(a^2-b^2)t^2 \qquad (4)$$

"同余数的集合"如下例.

例如:$a=5, b=2^2$ 时 $ab(a^2-b^2)=5\times 2^2\times 3^2$,因此 5 是同余数.

中世纪末,最大的数学家是波斯的斐波那契(Fibonacci,Leonardo,12 世纪后半叶—13 世纪前半叶),有人认为他是把印度、阿拉伯数字引入西欧的人,但在数学上后人对他的著作 Iiber Quadratorum(《平方的书》,1225)的评价最高. 这本书是中世纪唯一公开刊行的数论著作,在此书中首次出现了同余数一词.

## 3 斐波那契问题

在神圣罗马皇帝 Friedrich 二世的宝座前曾有过一次数学竞赛盛会,斐波那契也出席了. 其中有个问题就是求解

$$x^2+5=\Box, x^2-5=\Box \qquad (5)$$

斐氏经过苦苦思考,终于解决了它.并以此题的解法为主要内容之一,著了《Liber Quadratorum》一书.他考虑了恒等式$(x^2+y^2)^2 \pm 4xy(x^2-y^2) = (x^2-y^2 \pm 2xy)^2$把$4xy(x^2-y^2)$形式的数定义为Congruus.高斯也曾定义过数的Congruus.此单词用日语翻译即"一致"乃至"合适"的意思.从内容上看高斯的意思是"一致"的意思,而斐波那契是"合适"的意思.总而言之,指的就是满足方程(5)的数.也或许是沿用古代的神秘的习惯,从"调和数"中受启发而起的名字.但无论怎样没有考虑"合适"之意译为"同余数"也无妨.因为用"同余数"这个词已经有一例,如盖伊在书中把Congruent number初次引入到日本,并有人把它译为"同余数".

斐氏认为$n$为同余数时$nt^2$也是同余数,因而给出了方程(5)的解为$x = 3\dfrac{5}{12}$.进而还叙述了前面讲到的费马定理,即"平方数不是同余数"命题,并自己对此加以证明,但不过是无聊之举.

从这些原委中,可以推出如下两件事情.首先,有个疑问就是斐波那契曾在阿拉伯地区旅行过,因此知道这个问题.这在数学史上有过研究,但问题在于他能否对于同余数与图形的关系像我们这样利用公式(4)进行求解.毕达哥拉斯数的表示式在公元前1900年前后就已给出.因此斐波那契不会不知道.还有在《Iiber Quadratorum》一书中完全没有触及图形.因此若说他知道公式与图形的关系也是一件不可思议的事情.

其次,巴歇和费马似乎完全不知道斐氏的此著作的存在.这种怀疑首先是没有错的.如果不是这样费马

## 附录　Mordell 定理

会想出别的例子去热心指出斐氏的不足之处的,但费马在一生中一次也没有提及斐氏的名字.并且也没有指出自己所求解的问题是古老的难题.若了解一下费马的性格,也许会知道,这种事不会有人沉默不语的.

### 4　古典的结果

自古以来关于同余数有很多的研究,详细的请看 Dickson 的著作.这里只拾其 2.3 作为代表作个一般介绍.

**定理 1**　欲使 $n$ 为同余数,那么不定方程
$$x^4 - n^2 = \square \qquad (6)$$
必须有有理数解.

**定理 2**　若联立不定方程式
$$x^2 - ny^2 = z^2, x^2 + ny^2 = t^2$$
存在整数解,那么
$$X = x^4 + n^2 y^4, Y = 2xyzt$$
也有解.并且若前面的有一组解,则后面的一组方程会有无穷多解.

还有若存在面积为 $n$ 的直角三角形,那么有无穷多个解.

**定理 3**　若 $p, p_1, p_2$ 为满足 $p \equiv 3 \pmod{8}$ 的素数,那么 $p, p_1, p_2$ 就不是同余数.

**定理 4**　若 $q, q_1, q_2$ 为满足 $q \equiv 5 \pmod{8}$ 的素数,那么 $2q_1, 2q_1 q_2$ 不是同余数.

对于定理 1 与 2,在后面说明,现在对于定理 3 和 4 举个例子,试说明一下当 $p \equiv 3 \pmod{8}$ 时,$p$ 为非同

余数这一事实.

**命题** 下面方程式中的任何式子有有理数解时 $n$ 为同余数

$$xy^2 = x^4 + 4 \qquad (7)$$

$$2ny^2 = x^4 + 1 \qquad (8)$$

$$ny^2 = \pm(x^4 - 6x^2 + 1) \qquad (9)$$

尤其当 $n$ 为素数时,其逆命题也成立.

**证明** $n$ 为同余数的条件如式(4)所示,当

$$a = n\square, b = \square, a^2 - b^2 = \square$$

有解时 $n$ 为同余数,同样当

$$a = \square, b = n\square, a^2 - b^2 = \square$$

或

$$a = \square, b = \square, a^2 - b^2 = \square$$

有解时 $n$ 也为同余数. 把这个式子变个形, 就得出式(7),(8),(9). 当 $n = p$ 为素数时, 因为只有在上面说的三种情况下, $p$ 才为同余数, 因此, $n = p$ 为素数是必要条件.

设 $n = p$ 为素数. 正如把 $p$ 代入式(8)即可知的结果. 必须有 $p \equiv 1 \pmod 8$. 又把 $p$ 代入式(9)中也可知, $\left(\dfrac{2}{p}\right) = 1$, 从而必须有 $p \equiv \pm 1 \pmod 8$. 式(7)也同样得出 $p \equiv 1 \pmod 4$, 可见无论如何也得不出 $p \equiv 3 \pmod 8$ 的结果.

**系** 当素数 $p \equiv 5 \pmod 8$ 时, 使 $p$ 为同余数的必要条件是

$$py^2 = x^4 + 2 \qquad (10)$$

存在有理数解.

其实扩展 Heegner 的方法, 已经知道使 $p \equiv$

## 附录 Mordell 定理

$5(\bmod 8)$ 的素数 $p$ 为同余数. 所以方程式(10)对于这样的 $p$ 一般说是存在有理数解的.

1 000 以内的自然数中的所有同余数的列表由盖伊给出,由此表可知,有 608 个含平方因子的数,其中有 352 个同余数,剩余的 9 个还没有确定. 而且以此数表为基础,Alter 等人在 1972 年左右,提出如下的猜想:若 $n \equiv 5,6,7(\bmod 8)$,则 $n$ 为同余数. 但正如后面的说明,这个猜想含在关于椭圆曲线的 Birch-Swinnerton-Dyer 的猜想之内,因此,不能称为新发现.

Euler 研究提出了一个称谓,那就是:
当
$$x^2 + m = \square, x^2 + n = \square$$
存在有理数解时称 $m,n$ 为 Concordant.

## 5 与椭圆曲线的关系

从几何学的角度考虑式(1),它交于二次曲面,因此是亏格为 1 的曲线. 即为椭圆曲线. 这样费马与欧拉所研究的问题中的有关有理数解的问题,均可归结为有关二次曲线乃至椭圆曲线上的有理点问题. 因此椭圆曲线理论的发展给解决这类难题以转机. 这种历史角度的考案,Weil 对此作了杰出的研究,在这里我们只对同余数进行讨论.

若 $n$ 为同余数,那么根据式(3)
$$x = \square, x + n = \square, x - n = \square$$
存在有理数解. 特别是

$$x = (x+n)(x-n) = \boxed{\phantom{x}}$$

就是说椭圆曲线

$$En: y^2 = x^3 - n^2 x$$

在一定条件下(即 $x \neq 0, \pm n$)时存在有理点. 其实反过来也成立, 我们用著名的"Mordell 定理"对这一点加以说明:

若给出的椭圆曲线 $E$ 是魏尔斯特拉斯正规形曲线, 那么

$$y^2 = 4x^3 - g_2 x - g_3 \tag{11}$$

为了说明我们的目的现在可以设 $g_2, g_3$ 为有理数. 当取 $E$ 上的两点 $P, Q$ 时, 取联结 $P, Q$ 的直线与 $E$ 再次相交的点, 这时与这个点在 $x$ 轴上, 对称的另一个点在曲线 $E$ 上. 把它定义为 $P$ 与 $Q$ 之和 $P+Q$, 那么就成为众所周知的阿贝尔(Abel)群(但是, 单位圆是无限远点, 当 $P=Q$ 时取切线). 这时 $E$ 上的所有有理点成为阿贝尔群的子群(如果不是空集的话).

而且有以下的情况出现:

**Mordell 定理**  椭圆曲线上的所有有理点构成阿贝尔有限生成群.

在 $En$ 的情况下, 对于点 $P = (x, y)$, $2p$ 的 $x$ 坐标为 $(\frac{(x^2+y^2)}{2y})^2$. 所以可有第 4 节中的定理 2; 把 $\frac{x}{y}$ 表示为既约分数 $\frac{x_1}{y_1}$ 时, 由于 $x < x_1$, 可依次求得不同的解.

讨论一下, Weil 对 Mordell 定理的证明会发现如下的情形, 把椭圆曲线表示为

$$E: y^2 = (x-e_1)(x-e_2)(x-e_3)$$

## 附录 Mordell 定理

为方便起见,设 $e_i$ 为有理数. 把此曲线上的所有有理数点用 $E$ 来表示,由于都是有理点所以不会出现差错,若 $P = (x, y)$ 为 $E$ 上的点,那么

$$x - e_1 = d_1 \square, x - e_2 = d_2 \square, x - e_3 = d_3 \square$$

(但 $d_1 d_2 = d_3 = \square$)显而易见 $d_i$ 是 $(e_1 - e_2)(e_2 - e_3) \cdot (e_3 - e_1)$ 的约数. 这时我们称上面 $d_i$ 是 $(d_1, d_2, d_3)$ 为 $P$ 的型. 型中没有平方数. $E$ 的型的全部为有限集合. 若把 $P, Q$ 两点的型记为 $(d_1, d_2, d_3), (d_1', d_2', d_3')$ 那么 $P + Q$ 的型就是 $(d_1 d_1', d_2 d_2', d_3 d_3')$. 这时有以下定理成立:

**定理** 构成型的群与 $\dfrac{E}{2E}$ 同构.

这就是所谓"Mordell-Weil 小定理",它构成 Mordell-Weil 定理证明的第一阶段.

**系 1** $P \in 2E \Leftrightarrow x - e_i = \square (i = 1, 2, 3, \cdots)$;

**系 2** 特别在 $En$ 时,其挠群 $\mathrm{Tor}(En)$ 为 $T = \{0, (0, 0), (n, 0), (-n, 0)\}$.

**系 2 的证明** 已知 $2p = 0 \Rightarrow p \in T$ 且只有当 $p = 0$ 时才会有 $2p \in T$,因此只有 $T$ 的点才是以 $2$ 的幂为倍数的点,若设 $p$ 为具有奇数位数的点,那么 $2p$ 也如此. 这与系 1 及第 3 节的定理 2 是相悖的.

从而,当把构成椭圆曲线 $E$ 的有理点的阿贝尔群的秩表示为 $r(E)$ 时,从系 1、系 2 得出:

**命题**:$r(En) > 0$ 是 $n$ 为同余数的必要条件.

利用此命题,我们就容易理解第 3 节中的定理 1,因为只有 $En$ 在某些条件下具有有理点时,式(6)才会有解.

## 6 与椭圆曲线中 BSD 猜想的联系

公元 10 世纪左右,阿拉伯人研究了另一个数论问题,对于正整数 $n$,是否存在有理数 $x$,使得 $x, x+n, x-n$ 均为有理数平方。 ($*$)

事实上,它与同余数问题是等价的(即:$\exists\, a, b, c \in \mathbf{Q}^+$,使得 $a^2 + b^2 = c^2$,并且 $\frac{1}{2}ab = n \in \mathbf{N}^*$)。 ($**$)

若 $(a, b, c)$ 是 ($**$) 的正有理数解,则 $x = \frac{c^2}{4}$ 就是 ($*$) 的解,反之若 $x$ 是问题 ($*$) 的有理数解,则 $c = 2\sqrt{x}$,$a = \sqrt{x+n} + \sqrt{x-n}$,$b = \sqrt{x+n} - \sqrt{x-n}$ 就是问题 ($**$) 的正有理数解。

如果 $x = D$ 是问题 ($*$) 的有理数解,则 $D$ 和 $D \pm n$ 均为正有理数 $A, B, C$ 的平方,所以椭圆曲线
$$E: y^2 = x^3 - n^2 x$$
有有理数解 $(x, y)$,其中 $x = D, y = ABC \neq 0$,反之,若 $(x, y) = (A, B)$ 是椭圆曲线 $E$ 的有理数解并且 $B \neq 0$,可以直接验证 $\left(\frac{A^2 + n^2}{2B}\right)^2$ 和 $\left(\frac{A^2 + n^2}{2B}\right)^2 \pm n$ 都是有理数平方,因为 $\left(\frac{A^2 + n^2}{2B}\right)^2 \pm n = \left(\frac{A^2 \pm 2nA - n^2}{2B}\right)^2$,所以 $n$ 是否为同余数又等价于是否:

椭圆曲线 $E$ 存在有理数解 $(x, y)$ 使得 $y \neq 0$。

利用椭圆曲线加法运算定义,由椭圆曲线 $E$ 的一组有理数解 $(x, y)$ ($y \neq 0$) 可得到 $E$ 的无穷多组有理数解。所以 $n$ 为同余数当且仅当 $E$ 有无穷多组有理数

## 附录　Mordell 定理

解,利用椭圆曲线的深刻理论,目前已经决定出许多类同余数和非同余数,但这个问题至今没有完全解决,例如 1963 年有三位数学家猜想:每个正整数 $n \equiv 5,6,7 \pmod 8$ 都是同余数,这个猜想至今也未能证明.

利用椭圆曲线中的 Birch 和 Swinnerton Dyer 猜想(简称 BSD 猜想)的一系列进展,1983 年 Tunnel 证明了如下定理:

设 $n$ 为无平方因子正整数,如果 $n$ 是同余数,则

$$N\{n = 2x^2 + y^2 + 32z^2\} = \frac{1}{2}N\{n = 2x^2 + y^2 + 8z^2\}$$

若 $z \nmid n$.

$$N\{\frac{n}{2} = 4x^2 + y^2 + 32z^2\} = \frac{1}{2}N\{\frac{n}{2} = 4x^2 + y^2 + 8z^2\}$$

若 $z \mid n$.

反之,若上面等式成立,则在 BSD 猜想之下 $n$ 为同余数.

其中 $N\{n = ax^2 + by^2 + cz^2\}$ 表示方程 $n = ax^2 + by^2 + cz^2$ 的整数解个数(其中 $a,b,c$ 均为正整数). (详见冯克勤著《代数数论简史》湖南教育出版社:126)

## 7　同余数表

由于 Tannell 的工作使我们了解到,同余数实际是使

$$x^2 + ay^2 = z^2 \text{ 和 } x^2 - ay^2 = t^2$$

同时有整数解的那种整数 $a$,它的魅力一部分在于其最小解常常有异乎寻常的大小,例如 $a = 101$ 是一个同余数,Bastin 给出其最小解

$x = 2\,015\,242\,462\,949\,760\,001\,961$
$y = 1\,18\,171\,431\,852\,779\,451\,900$
$z = 2\,339\,148\,435\,306\,225\,006\,961$
$t = 1\,628\,124\,370\,727\,269\,996\,961$

而且像梅森素数一样不管对计算技术和计算机如何改进,可能还需要若干时间才能再发现一些更难征服的同余数. 以下是一份同余数表.

### 小于 1 000 的同余数(C)和非同余数(N)
### (第 $c$ 列和第 $r$ 行的数是 $a = 40c + r$)

| c\r | 0 | 1 | 2 | 3 | 4 | 5 | 6 | 7 | 8 | 9 | 10 | 11 | 12 | 13 | 14 | 15 | 16 | 17 | 18 | 19 | 20 | 21 | 22 | 23 | 24 | c\r |
|---|---|---|---|---|---|---|---|---|---|---|---|---|---|---|---|---|---|---|---|---|---|---|---|---|---|---|
| 1 | NG | C1 | □ | CG | N9 | N1 | N1 | N9 | □ | N1 | □ | NJ | N1 | CG | N1 | N1 | N9 | C&  | C1 | □ | □ | N1 | N9 | □ | □ | 1 |
| 2 | NB | NB | N2 | NX | □ | NX | □ | NT | NJ | NX | NJ | CG | NT | □ | N2 | CG | NJ | □ | □ | NJ | NT | NX | □ | NX | NL | 2 |
| 3 | N3 | N3 | N3 | N& | N3 | NJ | □ | N3 | C& | □ | NJ | N3 | NJ | N3 | □ | N3 | N3 | CJ | NJ | NJ | N3 | N3 | NJ | □ | □ | 3 |
| 4 |   |   |   |   |   |   |   |   |   |   |   |   |   |   |   |   |   |   |   |   |   |   |   |   |   | 4 |
| 5 | C5 | □ | CG | □ | CG | CG | □ | C& | □ | CJ | □ | C& | □ | C& | CJ | □ | C& | □ | □ | □ | C& | □ | □ | CL | □ | 5 |
| 6 | C6 | C6 | C6 | □ | C6 | C6 | C& | CA | C6 | C& | □ | C6 | □ | C6 | C6 | CJ | □ | □ | C6 | CG | □ | C6 | C6 | CG | □ | 6 |
| 7 | C7 | C7 | CG | C7 | □ | C7 | □ | □ | C7 | CJ | C7 | CJ | C7 | C& | □ | C7 | C7 | □ | CJ | CJ | □ | □ | C7 | □ | C7 | 7 |
| 8 |   |   |   |   |   |   |   |   |   |   |   |   |   |   |   |   |   |   |   |   |   |   |   |   |   | 8 |
| 9 | □ | N1 | N9 | □ | N9 | N9 | □ | NJ | □ | N1 | N1 | N9 | □ | N1 | C& | N9 | C& | □ | N1 | N9 | N9 | C& | N1 | □ | □ | 9 |
| 10 | NX | □ | NL | N& | CA | □ | NL | CA | NL | CG | □ | NL | NJ | NL | □ | NJ | NJ | NJ | □ | □ | □ | CG | NJ | NJ | □ | 10 |
| 11 | N3 | NB | NB | N3 | □ | N3 | N3 | CG | N3 | CG | NJ | □ | N3 | □ | N3 | CG | N3 | C& | NJ | NJ | □ | □ | □ | □ | N3 | 11 |
| 12 |   |   |   |   |   |   |   |   |   |   |   |   |   |   |   |   |   |   |   |   |   |   |   |   |   | 12 |
| 13 | C5 | C5 | CG | CJ | C5 | CJ | C5 | □ | C5 | CJ | CJ | □ | C& | CL | C5 | C5 | □ | C5 | C5 | C& | C5 | CL | CJ | CJ | CJ | 13 |
| 14 | C6 | □ | C6 | C6 | CG | C6 | C6 | □ | □ | C6 | □ | C6 | C6 | C6 | C6 | □ | C6 | CJ | □ | C6 | C6 | C& | CJ | C6 | C& | 14 |
| 15 | CA | CG | CG | □ | C& | C& | CG | C& | CJ | C& | □ | □ | □ | C& | □ | C& | □ | □ | □ | □ | CJ | □ | C5 | C& | □ | 15 |
| 16 |   |   |   |   |   |   |   |   |   |   |   |   |   |   |   |   |   |   |   |   |   |   |   |   |   | 16 |
| 17 | N1 | N9 | N1 | C1 | N9 | NJ | C1 | □ | N1 | NJ | N9 | C1 | NJ | N9 | N1 | □ | NJ | N9 | C& | N9 | N1 | NT | N1 | N1 | □ | 17 |
| 18 | □ | NX | □ | CG | N2 | NX | NJ | NX | □ | NJ | NX | NJ | NX | □ | NJ | C& | NX | □ | NX | N2 | NJ | NT | NJ | NT | □ | 18 |
| 19 | N3 | N3 | □ | N3 | N3 | C& | NJ | NJ | N3 | N3 | □ | N3 | □ | N3 | □ | N3 | NJ | N3 | N3 | N3 | □ | N3 | NJ | NT | NJ | 19 |
| 20 |   |   |   |   |   |   |   |   |   |   |   |   |   |   |   |   |   |   |   |   |   |   |   |   |   | 20 |
| 21 | CA | C5 | C5 | C5 | CA | □ | CJ | C5 | CJ | C5 | C5 | □ | C5 | C5 | CG | CJ | C5 | CJ | C& | C5 | □ | □ | □ | □ | □ | 21 |
| 22 | C6 | C6 | C6 | C6 | C& | CJ | C6 | C6 | □ | C6 | C6 | CG | C6 | C& | C6 | C6 | □ | CJ | CJ | CJ | C6 | CJ | C6 | C& | C6 | 22 |
| 23 | C7 | □ | C7 | C& | CJ | C7 | □ | C7 | □ | □ | C7 | C7 | CL | CG | CL | C& | C7 | □ | C7 | C7 | C& | C7 | C7 | C& | C7 | 23 |
| 24 |   |   |   |   |   |   |   |   |   |   |   |   |   |   |   |   |   |   |   |   |   |   |   |   |   | 24 |

附录  Mordell 定理

| r\c | 0 | 1 | 2 | 3 | 4 | 5 | 6 | 7 | 8 | 9 | 10 | 11 | 12 | 13 | 14 | 15 | 16 | 17 | 18 | 19 | 20 | 21 | 22 | 23 | 24 |
|---|---|---|---|---|---|---|---|---|---|---|---|---|---|---|---|---|---|---|---|---|---|---|---|---|---|
| 25 | □ | CA | NJ | CG | NJ | □ | CG | NJ | NJ | □ | CG | C& | NJ | □ | NJ | NJ | NJ | NJ | □ | NJ | C& | □ | C& | □ |  |
| 26 | NX | NB | NX | N2 | N2 | C& | NJ | □ | NX | C& | C& | N2 | NJ | CA | NX | N2 | □ | NT | NX | NJ | NJ | C& | NJ | NJ | NJ |
| 27 | □ | N3 | N3 | □ | N& | N3 | NJ | N3 | N3 | □ | NJ | N3 | □ | N3 | N3 | NT | NJ | □ | N3 | N3 | □ | N3 | N3 | C& | N3 |
| 28 | □ |  |  |  |  |  |  |  |  |  |  |  |  |  |  |  |  |  |  |  |  |  |  |  | □ |
| 29 | C5 | CG | C5 | C5 | □ | C5 | C5 | CJ | C5 | C5 | CA | CJ | C5 | □ | CJ | C& | C& | C5 | CJ | C5 | CJ | C5 | CJ | □ | C& |
| 30 | CA | CA | CA | □ | CA | CJ | □ | CG | □ | CA | CJ | CG | CG | □ | CJ | □ | C& | C& | □ | CJ | CJ | C& | C& | □ | □ |
| 31 | C7 | C7 | CG | C7 | C7 | CA | C7 | C7 | □ | C& | C7 | CJ | C& | CJ | C7 | C& | □ | C7 | C& | CJ | C7 | C7 | C& | C7 | □ |
| 32 | □ |  |  |  |  |  |  |  |  |  |  |  |  |  |  |  |  |  |  |  |  |  |  |  | □ |
| 33 | N9 | N1 | N1 | □ | N1 | N1 | NJ | C1 | C1 | N9 | N1 | N9 | □ | NJ | N1 | N9 | N1 | NJ | N9 | C& | □ | N9 | N1 | N9 | □ |
| 34 | CA | NX | N& | CA | C& | □ | N2 | NX | NJ | NX | CG | NJ | C& | NX | □ | NX | C& | NJ | NL | NX | NJ | NJ | N2 | □ | NJ |
| 35 | NB | □ | N& | NJ | NJ | □ | NJ | C& | NJ | □ | NJ | NJ | NJ | NJ | □ | NJ | NJ | NJ | NJ | □ | C& | NJ | C& | □ | □ |
| 36 | □ |  |  |  |  |  |  |  |  |  |  |  |  |  |  |  |  |  |  |  |  |  |  |  | □ |
| 37 | C5 | CG | □ | C5 | C5 | CJ | C5 | C5 | C5 | CJ | □ | CG | C5 | CL | □ | C5 | CL | C5 | C5 | □ | C5 | CL | C& | C5 | □ |
| 38 | C6 | CG | C6 | C6 | □ | CJ | C6 | C& | C6 | C6 | CG | C6 | C& | □ | CJ | CJ | CJ | C6 | C6 | CG | C6 | □ | C6 | C6 | □ |
| 39 | CG | C7 | C& | C& | C7 | C7 | □ | C& | C7 | C& | C7 | C7 | C7 | CJ | C7 | □ | CJ | C7 | CG | C& | C7 | C& | C7 | □ | □ |
| 40 | □ |  |  |  |  |  |  |  |  |  |  |  |  |  |  |  |  |  |  |  |  |  |  |  | □ |

　　在表中其中有些是取自多年前的一份阿拉伯手搞如 CA 条目中的第 17 个数, 在 Dickson 的《数论史》一书中给出了许多早期的文献, 其中包括 Fibonacci、Genocchi 以及 Gérardin 给出的一些数如标有 CG 的 43 个数由 BSD 知模 8 的余数是 5, 6, 7 的无平方因子数是同余数. 表中标有 C5, C7 以及 C6 的数都是模 8 余 5 或余 7 的素数, 或是模 8 余 3 的素数, 两个这样的素数的乘积, 模 8 余 5 的素数的两倍, 两个这样的素数的乘积的两倍, 以及模 16 余 9 的素数的两倍. 这些数在表中分别标以条目 N3, N9, NX, NL 和 N2, Bastien 还给出其他一些非同余数(标有 NB 的数, 虽然 $a = 1$ 属于费马, 还有其他许多数更早的时候已被比如说 Genocchi 所知晓), 他说道: $a$ 不是一个同余数, 如果它是模 8 同余于 1 的素数, 且 $a = b^2 + c^2$, $b + c$ 是 $a$ 的非剩余, 这对

于条目标号为 N1 的一些数给出了解释.

条目 C& 和 N& 取自 Alter，Curtz 和 Kubota. 而 CJ 和 NJ 则取自 Jean Lagrange 的学位论文.

由 J. A. H. Hunter，M. R. Buckley 和 K. Gallyas 找到的另外一些大的同余数可见 Richard K. Guy 所著《Unsolved Problems in Number Theory》第一版.

## 8  同余数与费马大定理

费马宣称他证明了费马大定理，即 $x^n + y^n = z^n$，当 $n \geqslant 3$ 时无整数解.

现在很难断定费马是否证明了 $n=3$ 的情形，不过他的确证明了一个定理，由这个定理可以推出 $n=4$ 的情形. 这个定理就是前面提到的：

边长为整数的直角三角形的面积不是一个平方数.

写成公式就是：联立不定方程

$$\begin{cases} x^2 + y^2 = z^2 \\ \dfrac{1}{2}xy = n^2 \end{cases}$$

没有正整数解.

由罗士琳公式知

$$x^2 + y^2 = z^2$$

的一般解可以用下列公式表示

$$\begin{cases} x = (p^2 - q^2)r \\ y = 2pqr \\ z = (p^2 + q^2)r \end{cases}$$

## 附录　Mordell 定理

可知 $x$ 或 $y$ 必定是偶数,所以 $\frac{1}{2}xy$ 一定是整数,利用罗士琳公式,上述定理也就是要证明

$$\frac{1}{2}xy = \frac{1}{2}(p^2-q^2)r \cdot 2pqr = (p^2-q^2) \cdot pq \cdot r$$

不是个平方数.

费马为此发明了一个"无限递降法"来证明. 也就是说,假如 $(p^2-q^2)pq$ 是个平方数,那么,他可以求出更小的 $p_1, q_1$ 来,使得 $(p_1^2-q_1^2) \cdot p_1 q_1$ 也是平方数,这个步骤可以无限地做下去,于是就得到无穷多个数的正整数列

$$p+q > p_1+q_1 > p_2+q_2 > \cdots$$

但 $p+q$ 是有限数,这是不可能的.

由费马推出的这一定理马上可推出 $n=4$ 的费马大定理. 假设正整数 $x, y, z$ 满足

$$x^4 + y^4 = z^4$$

那么令

$$\begin{cases} a = y^4 = z^4 - x^4 \\ b = 2x^2 z^2 \\ c = z^4 + x^4 \\ d = y^2 xz \end{cases}$$

于是可得出正整数 $a, b, c, d$ 满足不定方程组

$$a^2 + b^2 = (z^4 - x^4)^2 + 4x^4 z^4 = (z^4 + x^4)^2 = c^2$$

$$\frac{1}{2}ab = \frac{1}{2}y^4 \cdot 2x^2 z^2 = (y^2 xz)^2 = d^2$$

这与费马关于同余数的定理相矛盾. 因此

$$x^4 + y^4 = z^4$$

没有正整数解. 这样一来,对于 $n=4, 8, 12, 16, \cdots$ 也就是 $n=4k$ 的情形,费马大定理得到证明,也许由于这个

成功,费马误认为无限递降法可以应用到所有正整数上,这才引出"我已找到这一问题的绝妙证明,但空白太小不容我写下"这一历史"疑案"。关于费马大定理详见胡作玄著《从费尔马到维尔斯——350年历程》(山东教育出版社)。

## 参考文献

[1] RONALD ALTER. The congruent number problem [J]. Amer. Math. Monthly, 1980(87):43-45.

[2] ALTER R, CURTZ T B. A note on congruent numbers [J]. Math. Comput. , 1974(28):303-305.

[3] ALTER R, CURTZ T B. KUBOTZ K K. Remarks and results on congruent numbers [J]. Proc. 3rd S. E. Conf. Combin Graph Theory Comput, Congr. Numer, 1972(6): 27-35.

[4] BASTIEN L. Numbers congruents [J]. Intermediaire Math, 1915(22):231-232.

[5] BIRCH B J. Diophantine analysis and modular functions [M]. Proc. Bombay Colloq. Alg. Geom, 1968.

[6] CASSELS J W S. Diophantine equations with special reference to elliptic curves [J]. J. London Math. Soc, 1966 (41):193-291.

[7] DICKSON L E. History of the Theory of Numbers [M]. Washington: Diophantine Analysis, 1920:459-472.

[8] GENOCCHI A. Note analitiche sopra Tre Sritti [J]. Annali di Sci. Mat. e Fis, 1855(6):273-317.

[9] GERARDIN A. Numbers congruents [J]. Intermediaire

Math. , 1915(22):52-53

[10] GODWIN H J, A note on congruent numbers[J]. Math. Comput. ,1978(32):293-295;1979(33):847.

[11] Jean Lagrange. These d'Etat de l'Universite de Reims, 1976.

[12] Jean Lagrange, Construction d'une table de nombres congruents[J]. Bull. Soc. Math. France Mém, 1977 (49-50): 125-130.

[13] PAUL MONSKY. Mock Heegner points and congruent numbers[J]. Math Z,1990(204):45-68;MR91e:11059.

[14] PAUL MONSKY. Three constructions of rational points on $Y^2 = X^2 \pm NX$[J]. Math Z,1992(209):445-462.

[15] MORDELL L J. Diophantine Equations[M]. London: Academic Press,1969:71-72.

[16] KAZUNARI NODA, HIDEO WADA. All congruent numbers less than 10000[J]. Proc. Japan Acad. Ser. A Math Sci, 1993(69):175-178.

[17] ROBERTS S. Note on a problem of Fibonacci's[J]. Proc. London Math. Soc,1879-80(11):35-44.

[18] SERF P. Congruent numbers and elliptic curves[J]. in Computational Number Theory(Proc. Conf. Number Theory, Debrecen,1989 de Gruyter,1991:227-238.

[19] STEPHENS N M. Congruence properties of congruent numbers[J]. Bull. London Math. Soc,1975(7):182-184.

[20] JERROLD B. Tunnell, A classical diophantine problem and modular forms of weight 3/2 [J]. Invent, Math. , 1983 (72):323-334.

# 哈尔滨工业大学出版社刘培杰数学工作室
## 已出版(即将出版)图书目录

| 书　名 | 出版时间 | 定　价 | 编号 |
|---|---|---|---|
| 新编中学数学解题方法全书(高中版)上卷 | 2007—09 | 38.00 | 7 |
| 新编中学数学解题方法全书(高中版)中卷 | 2007—09 | 48.00 | 8 |
| 新编中学数学解题方法全书(高中版)下卷(一) | 2007—09 | 42.00 | 17 |
| 新编中学数学解题方法全书(高中版)下卷(二) | 2007—09 | 38.00 | 18 |
| 新编中学数学解题方法全书(高中版)下卷(三) | 2010—06 | 58.00 | 73 |
| 新编中学数学解题方法全书(初中版)上卷 | 2008—01 | 28.00 | 29 |
| 新编中学数学解题方法全书(初中版)中卷 | 2010—07 | 38.00 | 75 |
| 新编中学数学解题方法全书(高考复习卷) | 2010—01 | 48.00 | 67 |
| 新编中学数学解题方法全书(高考真题卷) | 2010—01 | 38.00 | 62 |
| 新编中学数学解题方法全书(高考精华卷) | 2011—03 | 68.00 | 118 |
| 新编平面解析几何解题方法全书(专题讲座卷) | 2010—01 | 18.00 | 61 |
| 新编中学数学解题方法全书(自主招生卷) | 2013—08 | 88.00 | 261 |
| 数学眼光透视 | 2008—01 | 38.00 | 24 |
| 数学思想领悟 | 2008—01 | 38.00 | 25 |
| 数学应用展观 | 2008—01 | 38.00 | 26 |
| 数学建模导引 | 2008—01 | 28.00 | 23 |
| 数学方法溯源 | 2008—01 | 38.00 | 27 |
| 数学史话览胜 | 2008—01 | 28.00 | 28 |
| 数学思维技术 | 2013—09 | 38.00 | 260 |
| 从毕达哥拉斯到怀尔斯 | 2007—10 | 48.00 | 9 |
| 从迪利克雷到维斯卡尔迪 | 2008—01 | 48.00 | 21 |
| 从哥德巴赫到陈景润 | 2008—05 | 98.00 | 35 |
| 从庞加莱到佩雷尔曼 | 2011—08 | 138.00 | 136 |
| 数学解题中的物理方法 | 2011—06 | 28.00 | 114 |
| 数学解题的特殊方法 | 2011—06 | 48.00 | 115 |
| 中学数学计算技巧 | 2012—01 | 48.00 | 116 |
| 中学数学证明方法 | 2012—01 | 58.00 | 117 |
| 数学趣题巧解 | 2012—03 | 28.00 | 128 |
| 三角形中的角格点问题 | 2013—01 | 88.00 | 207 |
| 含参数的方程和不等式 | 2012—09 | 28.00 | 213 |

# 哈尔滨工业大学出版社刘培杰数学工作室
## 已出版(即将出版)图书目录

| 书　名 | 出版时间 | 定价 | 编号 |
|---|---|---|---|
| 数学奥林匹克与数学文化(第一辑) | 2006—05 | 48.00 | 4 |
| 数学奥林匹克与数学文化(第二辑)(竞赛卷) | 2008—01 | 48.00 | 19 |
| 数学奥林匹克与数学文化(第二辑)(文化卷) | 2008—07 | 58.00 | 36 |
| 数学奥林匹克与数学文化(第三辑)(竞赛卷) | 2010—01 | 48.00 | 59 |
| 数学奥林匹克与数学文化(第四辑)(竞赛卷) | 2011—08 | 58.00 | 87 |
| 发展空间想象力 | 2010—01 | 38.00 | 57 |
| 走向国际数学奥林匹克的平面几何试题诠释(上、下)(第1版) | 2007—01 | 68.00 | 11,12 |
| 走向国际数学奥林匹克的平面几何试题诠释(上、下)(第2版) | 2010—02 | 98.00 | 63,64 |
| 平面几何证明方法全书 | 2007—08 | 35.00 | 1 |
| 平面几何证明方法全书习题解答(第1版) | 2005—10 | 18.00 | 2 |
| 平面几何证明方法全书习题解答(第2版) | 2006—12 | 18.00 | 10 |
| 平面几何天天练上卷·基础篇(直线型) | 2013—01 | 58.00 | 208 |
| 平面几何天天练中卷·基础篇(涉及圆) | 2013—01 | 28.00 | 234 |
| 平面几何天天练下卷·提高篇 | 2013—01 | 58.00 | 237 |
| 平面几何专题研究 | 2013—07 | 98.00 | 258 |
| 最新世界各国数学奥林匹克中的平面几何试题 | 2007—09 | 38.00 | 14 |
| 数学竞赛平面几何典型题及新颖解 | 2010—07 | 48.00 | 74 |
| 初等数学复习及研究(平面几何) | 2008—09 | 58.00 | 38 |
| 初等数学复习及研究(立体几何) | 2010—06 | 38.00 | 71 |
| 初等数学复习及研究(平面几何)习题解答 | 2009—01 | 48.00 | 42 |
| 世界著名平面几何经典著作钩沉——几何作图专题卷(上) | 2009—06 | 48.00 | 49 |
| 世界著名平面几何经典著作钩沉——几何作图专题卷(下) | 2011—01 | 88.00 | 80 |
| 世界著名平面几何经典著作钩沉(民国平面几何老课本) | 2011—03 | 38.00 | 113 |
| 世界著名解析几何经典著作钩沉——平面解析几何卷 | 2014—01 | 38.00 | 273 |
| 世界著名数论经典著作钩沉(算术卷) | 2012—01 | 28.00 | 125 |
| 世界著名数学经典著作钩沉——立体几何卷 | 2011—02 | 28.00 | 88 |
| 世界著名三角学经典著作钩沉(平面三角卷Ⅰ) | 2010—06 | 28.00 | 69 |
| 世界著名三角学经典著作钩沉(平面三角卷Ⅱ) | 2011—01 | 38.00 | 78 |
| 世界著名初等数论经典著作钩沉(理论和实用算术卷) | 2011—07 | 38.00 | 126 |
| 几何学教程(平面几何卷) | 2011—03 | 68.00 | 90 |
| 几何学教程(立体几何卷) | 2011—07 | 68.00 | 130 |
| 几何变换与几何证题 | 2010—06 | 88.00 | 70 |
| 计算方法与几何证题 | 2011—06 | 28.00 | 129 |
| 立体几何技巧与方法 | 2014—05 |  | 293 |
| 几何瑰宝——平面几何500名题暨1000条定理(上、下) | 2010—07 | 138.00 | 76,77 |
| 三角形的解法与应用 | 2012—07 | 18.00 | 183 |
| 近代的三角形几何学 | 2012—07 | 48.00 | 184 |
| 一般折线几何学 | 即将出版 | 58.00 | 203 |
| 三角形的五心 | 2009—06 | 28.00 | 51 |
| 三角形趣谈 | 2012—08 | 28.00 | 212 |
| 解三角形 | 2014—01 | 28.00 | 265 |
| 圆锥曲线习题集(上) | 2013—06 | 68.00 | 255 |

#  哈尔滨工业大学出版社刘培杰数学工作室 已出版(即将出版)图书目录

| 书　名 | 出版时间 | 定价 | 编号 |
|---|---|---|---|
| 俄罗斯平面几何问题集 | 2009—08 | 88.00 | 55 |
| 俄罗斯立体几何问题集 | 2014—03 | 58.00 | 283 |
| 俄罗斯几何大师——沙雷金论数学及其他 | 2014—01 | 48.00 | 271 |
| 来自俄罗斯的5000道几何习题及解答 | 2011—03 | 58.00 | 89 |
| 俄罗斯初等数学问题集 | 2012—05 | 38.00 | 177 |
| 俄罗斯函数问题集 | 2011—03 | 38.00 | 103 |
| 俄罗斯组合分析问题集 | 2011—01 | 48.00 | 79 |
| 俄罗斯初等数学万题选——三角卷 | 2012—11 | 38.00 | 222 |
| 俄罗斯初等数学万题选——代数卷 | 2013—08 | 68.00 | 225 |
| 俄罗斯初等数学万题选——几何卷 | 2014—01 | 68.00 | 226 |
| 463个俄罗斯几何老问题 | 2012—01 | 28.00 | 152 |
| 近代欧氏几何学 | 2012—03 | 48.00 | 162 |
| 罗巴切夫斯基几何学及几何基础概要 | 2012—07 | 28.00 | 188 |
| 超越吉米多维奇——数列的极限 | 2009—11 | 48.00 | 58 |
| Barban Davenport Halberstam均值和 | 2009—01 | 40.00 | 33 |
| 初等数论难题集(第一卷) | 2009—05 | 68.00 | 44 |
| 初等数论难题集(第二卷)(上、下) | 2011—02 | 128.00 | 82,83 |
| 谈谈素数 | 2011—03 | 18.00 | 91 |
| 平方和 | 2011—03 | 18.00 | 92 |
| 数论概貌 | 2011—03 | 18.00 | 93 |
| 代数数论(第二版) | 2013—08 | 58.00 | 94 |
| 代数多项式 | 2014—05 |  | 289 |
| 初等数论的知识与问题 | 2011—02 | 28.00 | 95 |
| 超越数论基础 | 2011—03 | 28.00 | 96 |
| 数论初等教程 | 2011—03 | 28.00 | 97 |
| 数论基础 | 2011—03 | 18.00 | 98 |
| 数论基础与维诺格拉多夫 | 2014—03 | 18.00 | 292 |
| 解析数论基础 | 2012—08 | 28.00 | 216 |
| 解析数论基础(第二版) | 2014—01 | 48.00 | 287 |
| 数论入门 | 2011—03 | 38.00 | 99 |
| 数论开篇 | 2012—07 | 28.00 | 194 |
| 解析数论引论 | 2011—03 | 48.00 | 100 |
| 复变函数引论 | 2013—10 | 68.00 | 269 |
| 无穷分析引论(上) | 2013—04 | 88.00 | 247 |
| 无穷分析引论(下) | 2013—04 | 98.00 | 245 |

# 哈尔滨工业大学出版社刘培杰数学工作室
# 已出版(即将出版)图书目录

| 书　名 | 出版时间 | 定　价 | 编号 |
|---|---|---|---|
| 数学分析中的一个新方法及其应用 | 2013—01 | 38.00 | 231 |
| 数学分析例选：通过范例学技巧 | 2013—01 | 88.00 | 243 |
| 三角级数论(上册)(陈建功) | 2013—01 | 38.00 | 232 |
| 三角级数论(下册)(陈建功) | 2013—01 | 48.00 | 233 |
| 三角级数论(哈代) | 2013—06 | 48.00 | 254 |
| 基础数论 | 2011—03 | 28.00 | 101 |
| 超越数 | 2011—03 | 18.00 | 109 |
| 三角和方法 | 2011—03 | 18.00 | 112 |
| 谈谈不定方程 | 2011—05 | 28.00 | 119 |
| 整数论 | 2011—05 | 38.00 | 120 |
| 随机过程(Ⅰ) | 2014—01 | 78.00 | 224 |
| 随机过程(Ⅱ) | 2014—01 | 68.00 | 235 |
| 整数的性质 | 2012—11 | 38.00 | 192 |
| 初等数论 100 例 | 2011—05 | 18.00 | 122 |
| 初等数论经典例题 | 2012—07 | 18.00 | 204 |
| 最新世界各国数学奥林匹克中的初等数论试题(上、下) | 2012—01 | 138.00 | 144,145 |
| 算术探索 | 2011—12 | 158.00 | 148 |
| 初等数论(Ⅰ) | 2012—01 | 18.00 | 156 |
| 初等数论(Ⅱ) | 2012—01 | 18.00 | 157 |
| 初等数论(Ⅲ) | 2012—01 | 28.00 | 158 |
| 组合数学 | 2012—04 | 28.00 | 178 |
| 组合数学浅谈 | 2012—03 | 28.00 | 159 |
| 同余理论 | 2012—05 | 38.00 | 163 |
| 丢番图方程引论 | 2012—03 | 48.00 | 172 |
| 平面几何与数论中未解决的新老问题 | 2013—01 | 68.00 | 229 |
| 历届美国中学生数学竞赛试题及解答(第一卷)1950—1954 | 2014—05 |  | 277 |
| 历届美国中学生数学竞赛试题及解答(第二卷)1955—1959 | 2014—05 |  | 278 |
| 历届美国中学生数学竞赛试题及解答(第三卷)1960—1964 | 2014—05 |  | 279 |
| 历届美国中学生数学竞赛试题及解答(第四卷)1965—1969 | 2014—05 |  | 280 |
| 历届美国中学生数学竞赛试题及解答(第五卷)1970—1972 | 2014—05 |  | 281 |

# 哈尔滨工业大学出版社刘培杰数学工作室已出版（即将出版）图书目录

| 书　名 | 出版时间 | 定　价 | 编号 |
|---|---|---|---|
| 历届 IMO 试题集(1959—2005) | 2006—05 | 58.00 | 5 |
| 历届 CMO 试题集 | 2008—09 | 28.00 | 40 |
| 历届加拿大数学奥林匹克试题集 | 2012—08 | 38.00 | 215 |
| 历届美国数学奥林匹克试题集：多解推广加强 | 2012—08 | 38.00 | 209 |
| 历届国际大学生数学竞赛试题集(1994—2010) | 2012—01 | 28.00 | 143 |
| 全国大学生数学夏令营数学竞赛试题及解答 | 2007—03 | 28.00 | 15 |
| 全国大学生数学竞赛辅导教程 | 2012—07 | 28.00 | 189 |
| 历届美国大学生数学竞赛试题集 | 2009—03 | 88.00 | 43 |
| 前苏联大学生数学奥林匹克竞赛题解(上编) | 2012—04 | 28.00 | 169 |
| 前苏联大学生数学奥林匹克竞赛题解(下编) | 2012—04 | 38.00 | 170 |
| 历届美国数学邀请赛试题集 | 2014—01 | 48.00 | 270 |
| 整函数 | 2012—08 | 18.00 | 161 |
| 多项式和无理数 | 2008—01 | 68.00 | 22 |
| 模糊数据统计学 | 2008—03 | 48.00 | 31 |
| 模糊分析学与特殊泛函空间 | 2013—01 | 68.00 | 241 |
| 受控理论与解析不等式 | 2012—05 | 78.00 | 165 |
| 解析不等式新论 | 2009—06 | 68.00 | 48 |
| 反问题的计算方法及应用 | 2011—11 | 28.00 | 147 |
| 建立不等式的方法 | 2011—03 | 98.00 | 104 |
| 数学奥林匹克不等式研究 | 2009—08 | 68.00 | 56 |
| 不等式研究(第二辑) | 2012—02 | 68.00 | 153 |
| 初等数学研究(Ⅰ) | 2008—09 | 68.00 | 37 |
| 初等数学研究(Ⅱ)(上、下) | 2009—05 | 118.00 | 46,47 |
| 中国初等数学研究　2009 卷(第 1 辑) | 2009—05 | 20.00 | 45 |
| 中国初等数学研究　2010 卷(第 2 辑) | 2010—05 | 30.00 | 68 |
| 中国初等数学研究　2011 卷(第 3 辑) | 2011—07 | 60.00 | 127 |
| 中国初等数学研究　2012 卷(第 4 辑) | 2012—07 | 48.00 | 190 |
| 中国初等数学研究　2014 卷(第 5 辑) | 2014—02 | 48.00 | 288 |
| 数阵及其应用 | 2012—02 | 28.00 | 164 |
| 绝对值方程—折边与组合图形的解析研究 | 2012—07 | 48.00 | 186 |
| 不等式的秘密(第一卷) | 2012—02 | 28.00 | 154 |
| 不等式的秘密(第一卷)(第 2 版) | 2014—02 | 38.00 | 286 |
| 不等式的秘密(第二卷) | 2014—01 | 38.00 | 268 |

# 哈尔滨工业大学出版社刘培杰数学工作室
# 已出版(即将出版)图书目录

| 书　名 | 出版时间 | 定　价 | 编号 |
|---|---|---|---|
| 初等不等式的证明方法 | 2010—06 | 38.00 | 123 |
| 数学奥林匹克问题集 | 2014—01 | 38.00 | 267 |
| 数学奥林匹克不等式散论 | 2010—06 | 38.00 | 124 |
| 数学奥林匹克不等式欣赏 | 2011—09 | 38.00 | 138 |
| 数学奥林匹克超级题库(初中卷上) | 2010—01 | 58.00 | 66 |
| 数学奥林匹克不等式证明方法和技巧(上、下) | 2011—08 | 158.00 | 134,135 |
| 近代拓扑学研究 | 2013—04 | 38.00 | 239 |
| 新编640个世界著名数学智力趣题 | 2014—01 | 88.00 | 242 |
| 500个最新世界著名数学智力趣题 | 2008—06 | 48.00 | 3 |
| 400个最新世界著名数学最值问题 | 2008—09 | 48.00 | 36 |
| 500个世界著名数学征解问题 | 2009—06 | 48.00 | 52 |
| 400个中国最佳初等数学征解老问题 | 2010—01 | 48.00 | 60 |
| 500个俄罗斯数学经典老题 | 2011—01 | 28.00 | 81 |
| 1000个国外中学物理好题 | 2012—04 | 48.00 | 174 |
| 300个日本高考数学题 | 2012—05 | 38.00 | 142 |
| 500个前苏联早期高考数学试题及解答 | 2012—05 | 28.00 | 185 |
| 546个早期俄罗斯大学生数学竞赛题 | 2014—03 | 38.00 | 285 |
| 博弈论精粹 | 2008—03 | 58.00 | 30 |
| 数学　我爱你 | 2008—01 | 28.00 | 20 |
| 精神的圣徒　别样的人生——60位中国数学家成长的历程 | 2008—09 | 48.00 | 39 |
| 数学史概论 | 2009—06 | 78.00 | 50 |
| 数学史概论(精装) | 2013—03 | 158.00 | 272 |
| 斐波那契数列 | 2010—02 | 28.00 | 65 |
| 数学拼盘和斐波那契魔方 | 2010—07 | 38.00 | 72 |
| 斐波那契数列欣赏 | 2011—01 | 28.00 | 160 |
| 数学的创造 | 2011—02 | 48.00 | 85 |
| 数学中的美 | 2011—02 | 38.00 | 84 |
| 王连笑教你怎样学数学——高考选择题解题策略与客观题实用训练 | 2014—01 | 48.00 | 262 |
| 最新全国及各省市高考数学试卷解法研究及点拨评析 | 2009—02 | 38.00 | 41 |
| 高考数学的理论与实践 | 2009—08 | 38.00 | 53 |
| 中考数学专题总复习 | 2007—04 | 28.00 | 6 |
| 向量法巧解数学高考题 | 2009—08 | 28.00 | 54 |
| 高考数学核心题型解题方法与技巧 | 2010—01 | 28.00 | 86 |
| 高考思维新平台 | 2014—03 | 38.00 | 259 |
| 数学解题——靠数学思想给力(上) | 2011—07 | 38.00 | 131 |
| 数学解题——靠数学思想给力(中) | 2011—07 | 48.00 | 132 |
| 数学解题——靠数学思想给力(下) | 2011—07 | 38.00 | 133 |
| 我怎样解题 | 2013—01 | 48.00 | 227 |

# 哈尔滨工业大学出版社刘培杰数学工作室
# 已出版(即将出版)图书目录

| 书 名 | 出版时间 | 定价 | 编号 |
|---|---|---|---|
| 2011年全国及各省市高考数学试题审题要津与解法研究 | 2011—10 | 48.00 | 139 |
| 2013年全国及各省市高考数学试题解析与点评 | 2014—01 | 48.00 | 282 |
| 新课标高考数学——五年试题分章详解(2007～2011)(上、下) | 2011—10 | 78.00 | 140,141 |
| 30分钟拿下高考数学选择题、填空题 | 2012—01 | 48.00 | 146 |
| 全国中考数学压轴题审题要津与解法研究 | 2013—04 | 78.00 | 248 |
| 高考数学压轴题解题诀窍(上) | 2012—02 | 78.00 | 166 |
| 高考数学压轴题解题诀窍(下) | 2012—03 | 28.00 | 167 |
| 格点和面积 | 2012—07 | 18.00 | 191 |
| 射影几何趣谈 | 2012—04 | 28.00 | 175 |
| 斯潘纳尔引理——从一道加拿大数学奥林匹克试题谈起 | 2014—01 | 18.00 | 228 |
| 李普希兹条件——从几道近年高考数学试题谈起 | 2012—10 | 18.00 | 221 |
| 拉格朗日中值定理——从一道北京高考试题的解法谈起 | 2012—10 | 18.00 | 197 |
| 闵科夫斯基定理——从一道清华大学自主招生试题谈起 | 2014—01 | 28.00 | 198 |
| 哈尔测度——从一道冬令营试题的背景谈起 | 2012—08 | 28.00 | 202 |
| 切比雪夫逼近问题——从一道中国台北数学奥林匹克试题谈起 | 2013—04 | 38.00 | 238 |
| 伯恩斯坦多项式与贝齐尔曲面——从一道全国高中数学联赛试题谈起 | 2013—03 | 38.00 | 236 |
| 卡塔兰猜想——从一道普特南竞赛试题谈起 | 2013—06 | 18.00 | 256 |
| 麦卡锡函数和阿克曼函数——从一道前南斯拉夫数学奥林匹克试题谈起 | 2012—08 | 18.00 | 201 |
| 贝蒂定理与拉姆贝莫斯尔定理——从一个拣石子游戏谈起 | 2012—08 | 18.00 | 217 |
| 皮亚诺曲线和豪斯道夫分球定理——从无限集谈起 | 2012—08 | 18.00 | 211 |
| 平面凸图形与凸多面体 | 2012—10 | 28.00 | 218 |
| 斯坦因豪斯问题——从一道二十五省市自治区中学数学竞赛试题谈起 | 2012—07 | 18.00 | 196 |
| 纽结理论中的亚历山大多项式与琼斯多项式——从一道北京市高一数学竞赛试题谈起 | 2012—07 | 28.00 | 195 |
| 原则与策略——从波利亚"解题表"谈起 | 2013—04 | 38.00 | 244 |
| 转化与化归——从三大尺规作图不能问题谈起 | 2012—08 | 28.00 | 214 |
| 代数几何中的贝祖定理(第一版)——从一道IMO试题的解法谈起 | 2013—08 | 38.00 | 193 |
| 成功连贯理论与约当块理论——从一道比利时数学竞赛试题谈起 | 2012—04 | 18.00 | 180 |
| 磨光变换与范·德·瓦尔登猜想——从一道环球城市竞赛试题谈起 | 即将出版 | | |
| 素数判定与大数分解 | 即将出版 | 18.00 | 199 |
| 置换多项式及其应用 | 2012—10 | 18.00 | 220 |
| 椭圆函数与模函数——从一道美国加州大学洛杉矶分校(UCLA)博士资格考题谈起 | 2012—10 | 38.00 | 219 |
| 差分方程的拉格朗日方法——从一道2011年全国高考理科试题的解法谈起 | 2012—08 | 28.00 | 200 |

# 哈尔滨工业大学出版社刘培杰数学工作室
# 已出版（即将出版）图书目录

| 书　名 | 出版时间 | 定价 | 编号 |
|---|---|---|---|
| 力学在几何中的一些应用 | 2013—01 | 38.00 | 240 |
| 高斯散度定理、斯托克斯定理和平面格林定理——从一道国际大学生数学竞赛试题谈起 | 即将出版 | | |
| 康托洛维奇不等式——从一道全国高中联赛试题谈起 | 2013—03 | 28.00 | 337 |
| 西格尔引理——从一道第18届IMO试题的解法谈起 | 即将出版 | | |
| 罗斯定理——从一道前苏联数学竞赛试题谈起 | 即将出版 | | |
| 拉克斯定理和阿廷定理——从一道IMO试题的解法谈起 | 2014—01 | 58.00 | 246 |
| 毕卡大定理——从一道美国大学数学竞赛试题谈起 | 即将出版 | | |
| 贝齐尔曲线——从一道全国高中联赛试题谈起 | 即将出版 | | |
| 拉格朗日乘子定理——从一道2005年全国高中联赛试题谈起 | 即将出版 | | |
| 雅可比定理——从一道日本数学奥林匹克试题谈起 | 2013—04 | 48.00 | 249 |
| 李天岩—约克定理——从一道波兰数学竞赛试题谈起 | 即将出版 | | |
| 整系数多项式因式分解的一般方法——从克朗耐克算法谈起 | 即将出版 | | |
| 布劳维不动点定理——从一道前苏联数学奥林匹克试题谈起 | 2014—01 | 38.00 | 273 |
| 压缩不动点定理——从一道高考数学试题的解法谈起 | 即将出版 | | |
| 伯恩赛德定理——从一道英国数学奥林匹克试题谈起 | 即将出版 | | |
| 布查特—莫斯特定理——从一道上海市初中竞赛试题谈起 | 即将出版 | | |
| 数论中的同余数问题——从一道普特南竞赛试题谈起 | 即将出版 | | |
| 范·德蒙行列式——从一道美国数学奥林匹克试题谈起 | 即将出版 | | |
| 中国剩余定理——从一道美国数学奥林匹克试题的解法谈起 | 即将出版 | | |
| 牛顿程序与方程求根——从一道全国高考试题解法谈起 | 即将出版 | | |
| 库默尔定理——从一道IMO预选试题谈起 | 即将出版 | | |
| 卢丁定理——从一道冬令营试题的解法谈起 | 即将出版 | | |
| 沃斯滕霍姆定理——从一道IMO预选试题谈起 | 即将出版 | | |
| 卡尔松不等式——从一道莫斯科数学奥林匹克试题谈起 | 即将出版 | | |
| 信息论中的香农熵——从一道近年高考压轴题谈起 | 即将出版 | | |
| 约当不等式——从一道希望杯竞赛试题谈起 | 即将出版 | | |
| 拉比诺维奇定理 | 即将出版 | | |
| 刘维尔定理——从一道《美国数学月刊》征解问题的解法谈起 | 即将出版 | | |
| 卡塔兰恒等式与级数求和——从一道IMO试题的解法谈起 | 即将出版 | | |
| 勒让德猜想与素数分布——从一道爱尔兰竞赛试题谈起 | 即将出版 | | |
| 天平称重与信息论——从一道基辅市数学奥林匹克试题谈起 | 即将出版 | | |

# 哈尔滨工业大学出版社刘培杰数学工作室
# 已出版(即将出版)图书目录

| 书　名 | 出版时间 | 定价 | 编号 |
|---|---|---|---|
| 艾思特曼定理——从一道CMO试题的解法谈起 | 即将出版 | | |
| 一个爱尔特希问题——从一道西德数学奥林匹克试题谈起 | 即将出版 | | |
| 有限群中的爱丁格尔问题——从一道北京市初中二年级数学竞赛试题谈起 | 即将出版 | | |
| 贝克码与编码理论——从一道全国高中联赛试题谈起 | 即将出版 | | |
| 帕斯卡三角形 | 2014—01 | 18.00 | 294 |
| 蒲丰投针问题——从2009年清华大学的一道自主招生试题谈起 | 2014—01 | 38.00 | 295 |
| 斯图姆定理——从一道"华约"自主招生试题的解法谈起 | 2014—01 | | 296 |
| 许瓦兹引理——从一道加利福尼亚大学伯克利分校数学系博士生试题谈起 | 2014—01 | | 297 |
| 拉格朗日中值定理——从一道北京高考试题的解法谈起 | 2014—01 | | 298 |
| 拉姆塞定理——从王诗宬院士的一个问题谈起 | 2014—01 | | 299 |
| 中等数学英语阅读文选 | 2006—12 | 38.00 | 13 |
| 统计学专业英语 | 2007—03 | 28.00 | 16 |
| 统计学专业英语(第二版) | 2012—07 | 48.00 | 176 |
| 幻方和魔方(第一卷) | 2012—05 | 68.00 | 173 |
| 尘封的经典——初等数学经典文献选读(第一卷) | 2012—07 | 48.00 | 205 |
| 尘封的经典——初等数学经典文献选读(第二卷) | 2012—07 | 38.00 | 206 |
| 实变函数论 | 2012—06 | 78.00 | 181 |
| 非光滑优化及其变分分析 | 2014—01 | 48.00 | 230 |
| 疏散的马尔科夫链 | 2014—01 | 58.00 | 266 |
| 初等微分拓扑学 | 2012—07 | 18.00 | 182 |
| 方程式论 | 2011—03 | 38.00 | 105 |
| 初级方程式论 | 2011—03 | 28.00 | 106 |
| Galois 理论 | 2011—03 | 18.00 | 107 |
| 古典数学难题与伽罗瓦理论 | 2012—11 | 58.00 | 223 |
| 伽罗华与群论 | 2014—01 | 28.00 | 290 |
| 代数方程的根式解及伽罗瓦理论 | 2011—03 | 28.00 | 108 |
| 线性偏微分方程讲义 | 2011—03 | 18.00 | 110 |
| $N$体问题的周期解 | 2011—03 | 28.00 | 111 |
| 代数方程式论 | 2011—05 | 18.00 | 121 |
| 动力系统的不变量与函数方程 | 2011—07 | 48.00 | 137 |
| 基于短语评价的翻译知识获取 | 2012—02 | 48.00 | 168 |
| 应用随机过程 | 2012—04 | 48.00 | 187 |
| 概率论导引 | 2012—04 | 18.00 | 179 |
| 矩阵论(上) | 2013—06 | 58.00 | 250 |
| 矩阵论(下) | 2013—06 | 48.00 | 251 |

# 哈尔滨工业大学出版社刘培杰数学工作室
## 已出版(即将出版)图书目录

| 书　名 | 出版时间 | 定价 | 编号 |
|---|---|---|---|
| 抽象代数:方法导引 | 2013-06 | 38.00 | 257 |
| 闵嗣鹤文集 | 2011-03 | 98.00 | 102 |
| 吴从炘数学活动三十年(1951～1980) | 2010-07 | 99.00 | 32 |
| 吴振奎高等数学解题真经(概率统计卷) | 2012-01 | 38.00 | 149 |
| 吴振奎高等数学解题真经(微积分卷) | 2012-01 | 68.00 | 150 |
| 吴振奎高等数学解题真经(线性代数卷) | 2012-01 | 58.00 | 151 |
| 高等数学解题全攻略(上卷) | 2013-06 | 58.00 | 252 |
| 高等数学解题全攻略(下卷) | 2013-06 | 58.00 | 253 |
| 高等数学复习纲要 | 2014-01 | 18.00 | 384 |
| 钱昌本教你快乐学数学(上) | 2011-12 | 48.00 | 155 |
| 钱昌本教你快乐学数学(下) | 2012-03 | 58.00 | 171 |
| 数贝偶拾——高考数学题研究 | 2014-01 | 28.00 | 274 |
| 数贝偶拾——初等数学研究 | 2014-01 | 38.00 | 275 |
| 数贝偶拾——奥数题研究 | 2014-01 | 48.00 | 276 |
| 集合、函数与方程 | 2014-01 | 28.00 | 300 |
| 数列与不等式 | 2014-01 | 38.00 | 301 |
| 三角与平面向量 | 2014-01 | 28.00 | 302 |
| 平面解析几何 | 2014-01 | 38.00 | 303 |
| 立体几何与组合 | 2014-01 | 28.00 | 304 |
| 极限与导数、数学归纳法 | 2014-01 | 38.00 | 305 |
| 趣味数学 | 即将出版 |  | 306 |
| 教材教法 | 即将出版 |  | 307 |
| 自主招生 | 即将出版 |  | 308 |
| 高考压轴题(上) | 即将出版 |  | 309 |
| 高考压轴题(下) | 即将出版 |  | 310 |
| 从费马到怀尔斯——费马大定理的历史 | 2013-10 | 198.00 | Ⅰ |
| 从庞加莱到佩雷尔曼——庞加莱猜想的历史 | 2013-10 | 298.00 | Ⅱ |
| 从切比雪夫到爱尔特希(上)——素数定理的初等证明 | 2013-07 | 48.00 | Ⅲ |
| 从切比雪夫到爱尔特希(下)——素数定理100年 | 2012-12 | 98.00 | Ⅲ |
| 从高斯到盖尔方特——虚二次域的高斯猜想 | 2013-10 | 198.00 | Ⅳ |
| 从库默尔到朗兰兹——朗兰兹猜想的历史 | 2014-01 | 98.00 | Ⅴ |
| 从比勃巴赫到德布朗斯——比勃巴赫猜想的历史 | 2014-02 | 298.00 | Ⅵ |
| 从麦比乌斯到陈省身——麦比乌斯变换与麦比乌斯带 | 2014-02 | 298.00 | Ⅶ |
| 从布尔到豪斯道夫——布尔方程与格论漫谈 | 2013-10 | 198.00 | Ⅷ |
| 从开普勒到阿诺德——三体问题的历史 | 2014-05 | 298.00 | Ⅸ |
| 从华林到华罗庚——华林问题的历史 | 2013-10 | 298.00 | Ⅹ |

# 哈尔滨工业大学出版社刘培杰数学工作室
## 已出版(即将出版)图书目录

| 书　名 | 出版时间 | 定　价 | 编号 |
|---|---|---|---|
| 三角函数 | 2014—01 | 38.00 | 311 |
| 不等式 | 2014—01 | 28.00 | 312 |
| 方程 | 2014—01 | 28.00 | 314 |
| 数列 | 2014—01 | 38.00 | 313 |
| 排列和组合 | 2014—01 | 28.00 | 315 |
| 极限与导数 | 2014—01 | 28.00 | 316 |
| 向量 | 2014—01 | 38.00 | 317 |
| 复数及其应用 | 2014—01 | 28.00 | 318 |
| 函数 | 2014—01 | 38.00 | 319 |
| 集合 | 即将出版 |  | 320 |
| 直线与平面 | 2014—01 | 28.00 | 321 |
| 立体几何 | 2014—01 | 28.00 | 322 |
| 解三角形 | 即将出版 |  | 323 |
| 直线与圆 | 2014—01 | 18.00 | 324 |
| 圆锥曲线 | 2014—01 | 38.00 | 325 |
| 解题通法(一) | 2014—01 | 38.00 | 326 |
| 解题通法(二) | 2014—01 | 38.00 | 327 |
| 解题通法(三) | 2014—01 | 38.00 | 328 |
| 概率与统计 | 2014—01 | 28.00 | 329 |
| 信息迁移与算法 | 即将出版 |  | 330 |
| 第19~23届"希望杯"全国数学邀请赛试题审题要津详细评注(初一版) | 2014—03 | 28.00 |  |
| 第19~23届"希望杯"全国数学邀请赛试题审题要津详细评注(初二、初三版) | 2014—03 | 38.00 |  |
| 第19~23届"希望杯"全国数学邀请赛试题审题要津详细评注(高一版) | 2014—03 | 28.00 |  |
| 第19~23届"希望杯"全国数学邀请赛试题审题要津详细评注(高二版) | 2014—03 | 38.00 |  |

**联系地址**:哈尔滨市南岗区复华四道街 10 号　哈尔滨工业大学出版社刘培杰数学工作室
　网　　址:http://lpj.hit.edu.cn/
　邮　　编:150006
**联系电话**:0451—86281378　　13904613167
　E-mail:lpj1378@163.com